"国家中等职业教育改革发展示范学校建设计划"项目教材

中等职业教育"十三五"规划教材 · 食品工艺系列

焙烤食品制作技术

主编／姚圣煊 黄剑平

立信会计出版社
LIXIN ACCOUNTING PUBLISHING HOUSE

图书在版编目(CIP)数据

  焙烤食品制作技术/姚圣煊,黄剑平主编. --上海：
立信会计出版社,2015.8(2024.1重印)
  ISBN 978 - 7 - 5429 - 4622 - 5

  I.①焙… II.①姚…②黄… III.①焙烤食品—食
品加工—中等专业学校—教材 IV.①TS213.2

  中国版本图书馆 CIP 数据核字(2015)第 212684 号

策划编辑   陈　瑶
责任编辑   王斯龙
封面设计   周崇文

焙烤食品制作技术

Beikao Shipin Zhizuo Jishu

出版发行	立信会计出版社		
地　　址	上海市中山西路 2230 号	邮政编码	200235
电　　话	(021)64411389	传　真	(021)64411325
网　　址	www.lixinaph.com	电子邮箱	lixinaph2019@126.com
网上书店	http://lixin.jd.com		http://lxkjcbs.tmall.com
经　　销	各地新华书店		
印　　刷	上海华业装潢印刷有限公司		
开　　本	787 毫米×1092 毫米	1/16	
印　　张	17		
字　　数	406 千字		
版　　次	2015 年 8 月第 1 版		
印　　次	2024 年 1 月第 3 次		
书　　号	ISBN 978 - 7 - 5429 - 4622 - 5/TS		
定　　价	60.00 元		

如有印订差错,请与本社联系调换

前　　言

为贯彻落实《教育部　人力资源社会保障部　财政部关于实施国家中等职业教育改革发展示范学校建设计划的意见》[教职成(2010)9号]文件精神,以课程对接岗位、教材对接技能为切入点,深化教学内容改革,通过校企合作,多方参与教材建设机制,针对岗位技能要求变化,在现有校本教材基础上进行本教材的编写;创新教材展示方式,按照教学标准的新理念编写《焙烤食品制作技术》一书,为上海市贸易学校的校本教材建设作出积极努力。

焙烤食品制作技术是食品生物工艺专业(食品加工工艺方向)的一门专业实训课程,是从事焙烤食品制作的一门必修课程,其功能是使学生掌握焙烤食品制作技术,适应岗位要求。

编写本教材的总体思路是以焙烤食品制作的相关工作任务和职业能力分析为依据,确定教材的教学目标,设计教程内容;以工作任务为线索,构建任务引领型课程。工作任务的设计以焙烤行业手工制作产品的分类为主线,设置面包制作、蛋糕制作、混酥类制品制作、清酥类制品制作、泡芙类制品制作和甜品制作六个工作项目。本教材的内容选取每个工作项目的典型产品作为工作任务,以培养学生的职业技能,使学生掌握焙烤食品制作技术。每个工作任务的学习都设计相应的教学活动,使学生在教学活动中理解相关的专业理论知识、掌握专业技能和提高实践操作能力。

在编写本教材的过程中,我们在每个学习任务中设置了任务描述、任务分析、操作要点、注意事项、相关知识和小故事等栏目,力求教材的丰富性和活泼性,符合目前中职学生的学习特点。

本教材由姚圣煊、黄剑平主编,郑晓红、王艳、张永亮、罗翎、周洁负责各相关内容的编写。本教材的编写还得到来自企业的张国平、董安华、孙玉明、沈建伟老师的大力指导和帮助,上海市食品协会副会长史见孟老师负责审稿,在此一并表示感谢。

本教材如有不足之处,谨请各位专家、老师和广大读者不吝指正。

编　　者
2021 年 1 月

目　　录

项目一　制作面包

面包是一种把面粉加水和其他辅助原料等调匀,发酵后烤制而成的食品。现今发现的世界上最早的面包坊诞生于公元前2 500多年前的古埃及。今天的面包大多数是由工厂的自动化生产线生产的。由于面粉在精加工研磨的过程中损失较多维生素,近年来不少人认为保留麸皮和麦芽对健康更有好处,因此粗粮面包又再度流行。

随着改革开放和人民生活水平的不断提高,人民对生活质量的追求有了更高的要求,面包在国内的生产和市场销售方面呈现出前所未有的繁荣景象,人们的日常生活越来越离不开面包。目前,面包生产的趋势为品种向点心化发展,规模向中小型发展,前店后厂的面包店有利于产品销售。

在西式面点制作中,发酵类的主要品种是面包,面包按产品的物理性质和食用口感分为软式面包、硬式面包、起酥面包、调理面包和其他面包五类,其中调理面包又分为热加工和冷加工两类。面包是以酵母、面粉、水、砂糖、盐、油脂等为主要原料,通过酵母吸收面团中的养分产生活力和二氧化碳,使体积膨胀,形成的松软而有蜂窝状内质的膨松面团。

因此,通过本项目的学习,你将掌握制作面包的一些基本操作方法和操作技巧,能够制作出一些组织松软、美味可口的面包。

能　力　目　标

- 了解面包的分类
- 掌握面包面团的调制与发酵
- 掌握面包成型的基本方法及技巧
- 能制作出软式、硬式、脆皮、起酥、调理等种类的面包
- 知道面包常见的质量问题
- 掌握面包成品质量评分方法

任务一　制作软式面包

 任务描述

　　软式面包较其他种类的面包更柔软，且具有甜味，含有较多的糖分和油脂。而由于这两种成分均会抑制到酵母的发酵，故酵母的用量较大，包括红萝卜小餐包、葡萄汁面包、小可颂、汉堡包、甜方包等。以吐司烤模所烘烤出的面包，也可归类为软式面包。软式面包是组织松软、气孔均匀的面包，其特色为组织细腻、样式美观。

　　通过学习，你可以掌握制作软式面包的基本方法，并制作出几种软式面包，如汉堡包、甜方包、辫子包、葡萄汁面包等。

 任务分析

　　以汉堡包、甜方包为代表的软式面包是由高油脂面团制作的，即有高比例固体植物油的面团，有时也含有高比例蔗糖和鸡蛋。这些产品较易制作，但也需精心才能完成，因为此种面团通常较软、较黏，面筋结构不那么坚实，在醒发和烘烤时需更加小心。

 产品名称

 汉堡包

配方

面团料：高筋粉 250 克　砂糖 40 克　鸡蛋 30 克　酵母 5 克　面包改良剂 2 克
　　　　黄油 30 克　　奶粉 8 克　　水 110 克　　盐 3 克

方法与步骤

基本操作步骤描述

　　调制面团→松弛（发酵）→分割成型（搓圆）→醒发→烘烤。

步骤 1　面团调制

◆ 面粉过筛＋奶粉＋酵母＋改良剂＋砂糖慢速搅拌均匀,加入蛋液、水,中速搅打成筋性面团(面团形成,光滑、柔软还未扩展)。

◆ 加入黄油,快速搅打至面团形成扩展状态,再加入盐搅打至面团完全扩展(如图 1-1-1 所示),起缸。

图 1-1-1　面团完全扩展

☞**注意点**

◇ 面团调制时,不要搅拌过度,使面团产生水化,即用手拉面团时,手掌上会有一丝丝的线状透明胶质出现(如图 1-1-2 所示)。这种面团由于面筋已彻底被破坏,不能再用于制作面包。

◇ 面团调制时,不要搅拌不够,因面筋未能充分地扩展,达不到良好的延展性和弹性,易断裂。用手捏面团不是很粗糙,但仍会粘手(如图 1-1-3 所示),做出来的面包体积小,两侧往往向内陷,内部组织粗糙且多颗粒,结构不均匀。搅拌不够的面团因性质较湿或干硬,所以在整形操作上也较为困难,很难滚圆至光滑。

图 1-1-2　面团产生水化

图 1-1-3　面团未充分扩展

步骤 2　松弛

◆ 将搅拌好的面团揉成光滑、柔软的面团,放在操作台上松弛 20 分钟左右。

☞注意点　◇ 面团松弛时,一定要用塑料薄膜盖住面团,防止面团水分蒸发,面团发硬(如图 1-1-4 所示)。

◇ 注意松弛时周围的环境温度,最好在 28 ℃左右。

步骤 3　分割成型

◆ 将松弛好的面团搓成长条的圆柱形,分割成 6 只面团(70 克/只)。

◆ 将分割好的小面团搓圆、松弛 5 分钟左右,用塑料薄膜盖住面团(如图 1-1-5 所示),然后入烤盘,距离要均匀放置。

图 1-1-4　面团松弛

图 1-1-5　面团分割

☞注意点　◇ 分割前面团放置时间不宜过长,以免发酵过度影响面包品质。

◇ 面团分割搓圆时,大小、形状要一致。

步骤 4　醒发

◆ 将分割好的小面团搓圆,置于汉堡包专用烤盘内进醒发室最后发酵。

◆ 醒发室温度:38 ℃,醒发室湿度:50%左右。

◆ 醒发时间:1 小时左右。

☞注意点　◇ 要正确掌握醒发温度、湿度和时间。

◇ 发酵不足的面包容积小(如图 1-1-6 所示),表皮着色浓厚。

◇ 发酵过度的面包容积大,形状上部伸展过度的侧面不硬实,表皮着色不良,蜂窝粗糙,香气不好,制品的保存期短。

步骤 5　烘烤

◆ 将醒发好的面包坯表面撒上芝麻放入烤箱内烘烤。

◆ 烤箱温度：上火 200 ℃、下火 180 ℃。

◆ 烘烤时间：15 分钟左右，烘烤至金黄色（如图 1-1-7 所示）。

图 1-1-6　面团醒发

图 1-1-7　烘烤

☞**注意点** ◎ 烘烤的温度不要过高，烘烤的时间要严格掌握，以将面包烘烤至金黄色的时间为准，要防止出现夹生或焦糊现象。

 小知识

面 包 的 历 史

早在 1 万多年前，西亚一带的古代民族就已种植小麦和大麦。那时是利用石板将谷物碾压成粉与水调和后在烧热的石板上烘烤，这就是面包的起源，但它还是未发酵的"死面"，也许叫做"烤饼"更为合适。

在公元前 3000 年前后，古埃及人最先掌握了制作发酵面包的技术。最初的发酵方法可能是偶然发现的，和好的面团在温暖处放久了，受到空气中酵母菌的侵入，导致发酵、膨胀、变酸，再经烤制便得到了远比"烤饼"松软的一种新面食，这便是世界上最早的面包。

现今发现的世界上最早的面包坊诞生于公元前 2500 多年前的古埃及。大约在公元前 13 世纪，摩西带领希伯来人大迁徙，将面包制作技术带出了埃及。至今，在犹太人的"逾越节"时，那里的人们仍制作一种叫做"马佐(matzo)"的膨胀饼状面包，以纪念犹太人从埃及出走。公元 2 世纪末，罗马的面包师行会统一了制作面包的技术和酵母菌种。他们经过实践比较，选用酿酒的酵母液作为标准酵母。

在古代漫长的岁月里，白面包是上层权贵们的奢侈品，普通大众只能以裸麦制作的黑面包为食。直到 19 世纪，面粉加工机械得到了很大发展，小麦品种也得到了改良，面包才变得软滑洁白。今天的面包大多数是由工厂的自动化生产线生产的。

评价要素

汉堡包评分表

项目		评 价 要 素	配分	得分
过程评分	1	卫生：操作中台面干净、卫生；结束后操作台整理干净、卫生；地面整理干净、卫生。	5	
	2	搅拌：准确使用机械，按顺序投料；顺序投料等搅拌操作手法正确。	5	
	3	操作：无场外带进面团；准确掌握搅拌时间；准确掌握搅拌程度。	5	
	4	成型：准确掌握中间醒发工序、松弛时间及最后醒发时间；正确选用搓、揉等成型操作手法；搓、揉等成型操作手法准确。	5	
结果评分	5	色泽：表面金黄色、色泽均匀、无焦色。	12	
	6	形态：圆形、端正饱满、大小均匀。	16	
	7	口味：甜味、甜度适中、不粘牙。	12	
	8	火候：上火无焦点、下火无焦黑、下火色泽均匀。	20	
	9	质感：松软、有弹性、气孔均匀。	20	
合　　　计			100	

思考与练习

1. 面包是如何分类的？各类面包有何特点？
2. 汉堡包的最后醒发条件是什么？
3. 汉堡包制作过程中应注意些什么问题？

任务二　制作硬式面包

 任务描述

　　数年前,面包在大多数餐馆还只是一种附加食品,但现今高档餐馆大都会提供种类繁多的、新鲜精美的面包与对手竞争。硬式面包是其中一类,硬式面包具有浓郁的麦香味,表皮松脆芳香,内部柔软具韧性,是其吸引人的最大特色。大多数的西方人尤爱此种咬劲。硬式面包是所有面包中油脂含量最少的,全麦面包与杂粮面包均属此类。

　　酥脆、皮薄的法式、意大利式和维也纳式面包,以及硬式面包卷都含有少量或完全不含油脂和蔗糖。俗称的法棍是因外形像一条长长的棍子而得名,其特点是表皮硬脆、有裂纹,内部组织柔软,上等的法国面包的外皮是脆而不碎。意式、法式面包可制成各种形状,不只限于我们熟悉的细长形。

　　通过学习,你可知道如何搅拌和发酵面团,而且练习制作多种面包,提高自己的手上工夫和制作技巧。

 任务分析

　　因硬式面包都是使用少量油脂和蔗糖制作的产品,所以,通常采用通蒸汽烘焙制作而成,其表皮是吸引人的部分之一,因此常制成又细又长的形状,以增加脆皮部分。

　　这些面包通常可直接放在烤炉底部或放在烤盘上烘焙,其水分含量必须适当,才能使面包在烘焙过程中保持原有形状,同时这类产品在烘焙之前,应让面团有十分充足的醒发时间。

 产品名称

 **法棍**

配方

　　面团料:高筋粉 335 克　低筋粉 85 克　酵母 7 克　盐 8 克　水 270 克

方法与步骤

基本操作步骤描述

　　调制面团→松弛(发酵)→分割→成型→醒发→面包坯表面划刀→烘烤。

步骤1　面团调制

◆ 高筋面粉、低筋面粉过筛,酵母慢速搅拌均匀,加入水,中速搅打成筋性面团(面团形成,光滑,柔软,还未扩展)(如图1-2-1所示)。

◆ 加入盐搅打至面团完全扩展,起缸(如图1-2-2所示)。

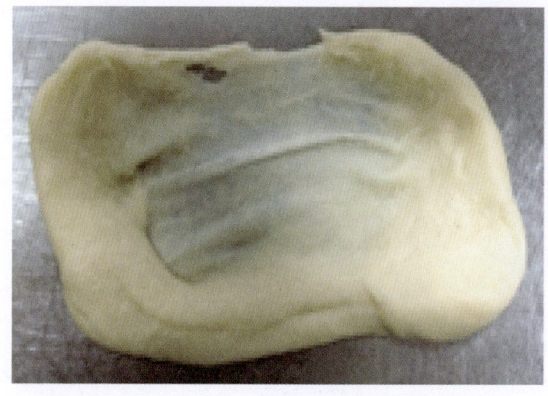

图1-2-1　面团未完全扩展　　　　　　图1-2-2　面团完全扩展

☞**注意点**　◎ 配方中少部分用低筋粉替代高筋粉是因为全部使用高筋粉制成的产品韧性太强。

◎ 面团搅拌低速3分钟、快速4分钟。

◎ 面团温度控制在25℃以内。

步骤2　发酵

◆ 将搅拌好的面团揉成光滑、柔软的面团(如图1-2-3所示),开始基础发酵时间约25分钟(如图1-2-4所示)。

图1-2-3　面团搓圆　　　　　　　　图1-2-4　面团发酵

步骤3　面团分割

◆ 将松弛好的面团进行分割,用手揉圆后搓成鸭蛋状,松弛进入中间醒发环节(如图1-2-5所示)。

图1-2-5 面团中间醒发

步骤4 面团成型

◆ 将面团底部朝上(如图1-2-6所示),由外向内折叠至中间位置(如图1-2-7所示),接着将另外一面折叠至中间位置(如图1-2-8所示),再将面团由外向内折叠至中间,最后完成收口(如图1-2-9所示),将面团揉成长约45厘米、两端尖细状,将面团收口向下置于波浪盘内。

图1-2-6 底部朝上

图1-2-7 面团折叠

图1-2-8 面团折叠

图1-2-9 完成收口

◆ 将面团放入醒发箱（醒发箱：温度 30 ℃、湿度 85％，时间 60 分钟左右）。

☞ **注意点** ◎ 要正确掌握醒发温度、湿度和时间。

　　　　　　◎ 发酵不足的面包体积小，表皮着色浓厚。

　　　　　　◎ 发酵过度的面包体积大，形状上部伸展过度的侧面不硬实，表皮着色不良，蜂窝粗糙，香气不好，制品的保存期短。

步骤 5　面团装饰

◆ 将面团表面斜切 5 刀，刀片与面团成 45 度角，用刀尖三角形的部位切（如图 1-2-10 所示）。

☞ **注意点** ◎ 掌握好划刀的时机，划刀的进刀方法与深度（如图 1-2-11 所示）。

　　　　　　◎ 所用的刀片刀口要锋利。

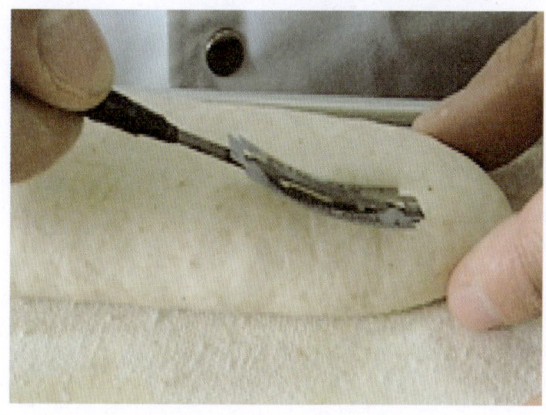

图 1-2-10　面团划刀

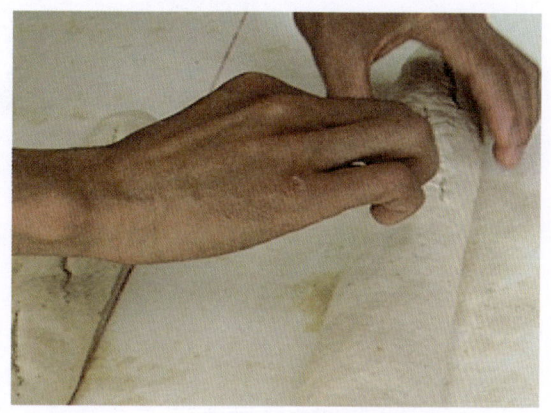

图 1-2-11　面团划刀

步骤 6　烘烤

◆ 将面包坯放入烤箱内烘烤（如图 1-2-12 所示）。

◆ 烤箱温度：上火 210 ℃、下火 190 ℃。

◆ 烘烤时间：20 分钟左右。

图 1-2-12　烘烤

☞**注意点**　◇ 保证烤箱内的蒸汽供应充足。

　　　　　　◇ 建议每次2秒钟左右蒸汽时间。

　　　　　　◇ 烘烤的温度不要过高,烘烤的时间要严格掌握,以将面包烘烤至金黄色的时间为准,要防止出现夹生或焦糊现象(如图1-2-13所示)。

图1-2-13　法棍

 小知识

面 粉 的 种 类

　　面粉是由小麦磨制而成,是制作焙烤食品的主要原料。面粉的质量对生产出的面包质量、蛋糕质量等均有重要的影响。因为面粉是烘烤制品的主要成分,同时起着黏合和吸收剂的作用,对产品的风味有重要影响。

　　各国面粉的种类和等级标准一般都是根据本国人民生活水平和食品工业发展的需要来制定的。我国根据面粉加工精度将面粉分为特制一等粉、特制二等粉、标准粉、普通粉。1988年又颁布了GB8067-88《高筋小麦粉》(面筋质含量要求大于30%)的GB8068-88《低筋小麦粉》(面筋质含量要求小于24%)。随着人民生活水平的不断提高和食品工业的发展,借鉴国外分类经验,根据面粉内部蛋白质含量的不同,可分为高筋面粉、中筋面粉、低筋面粉、全麦粉等。

　　◇高筋面粉(高蛋白质粉)

　　高筋面粉也称面包粉,它是加工精度较高的面粉,色白,含麸量少,面筋含量高;蛋白质含量为11%～13%,湿面筋含量在35%以上;应选用硬质小麦加工。高筋面粉适用于制作各种面包。

　　◇中筋面粉(中蛋白质粉)

　　中筋面粉是介于高筋粉和低筋面粉之间的一类面粉,含麸量少于低筋面粉,色稍黄;蛋白质含量为9%～11%,湿面筋含量为25%～35%。中筋面粉适用于制作各种糕点。

　　◇低筋面粉(低蛋白质粉)

低筋面粉也称蛋糕粉,含麸量多于中筋面粉,色稍黄;蛋白质含量为 7%～9%,湿面筋含量在 25% 以下。低筋面粉应选用软质小麦加工,适用于制作饼干、蛋糕、点心。

◇ 全麦粉

由全部小麦磨成的面粉,色深,含麸量高,蛋白质含量不超过 2%;湿面筋含量应该不低于 20%。此粉可用于面包及特殊点心的制作。

评价要素

法棍评分表

项目		评 价 要 素	配分	得分
过程评分	1	卫生:操作中台面干净、卫生;结束后操作台整理干净、卫生;地面整理干净、卫生。	5	
	2	搅拌:准确使用机械,按顺序投料;顺序投料等搅拌操作手法准确。	5	
	3	操作:无场外带进面团;准确掌握搅拌时间;准确掌握搅拌程度。	5	
	4	成型:准确掌握中间醒发工序、松弛时间及最后醒发时间;正确选用搓、揉等成型操作手法;搓、揉等成型操作手法准确。	5	
结果评分	5	色泽:金黄色、色泽均匀、无焦色。	12	
	6	形态:长棍状、表面开刀划纹清晰、粗细均匀。	16	
	7	口味:咸味适中、外脆内松软、不粘牙。	12	
	8	火候:上火无焦点、下火无焦黑、下火色泽均匀。	20	
	9	质感:外脆、内松软、气孔均匀。	20	
合　　计			100	

思考与练习

1. 什么是硬式面包?硬式面包有何特点?
2. 法棍烘烤前对面团的装饰有何要求?
3. 法棍制作过程中应注意些什么问题?

任务三 制作脆皮面包

 任务描述

脆皮面包具有浓郁的麦香味,表皮松脆芳香,内部柔软具韧性,是其吸引人的最大特色。大多数的西方人尤爱此种咬劲,是所有面包中油脂含量最少的,杂粮面包与全麦面包均属此类。

酥脆、皮薄的法式、意大利式和维也纳式面包,以及脆皮面包卷都含有少量或完全不含油脂和蔗糖。脆皮面包其特点是表皮硬脆、有裂纹,内部组织柔软,上等的法国面包的外皮是脆而不碎。意式、法式面包可制成各种形状,不只限于我们熟悉的细长形。

通过学习,你可知道如何搅和发酵面团,练习制作多种面包,提高自己的手上工夫和大多数的制作技巧。

任务分析

脆皮面包原料配方简单,主要由面粉、盐、酵母和水组成。在烘烤过程中,需要向烤箱中喷蒸汽,使烤箱保持一定湿度,有利于面包体积膨胀爆裂,表面呈现光泽,易达到皮脆质软的要求。

脆皮面包通常可直接放在烤炉底部或放在烤盘上烘焙,其水分含量必须适当,才能使面包在烘焙过程中保持原有形状。同时在制作这类产品时,在烘焙之前,应让面团有十分充足的醒发时间。

 产品名称

 **健康杂粮面包**

配方

面团料:酵母 7 克　盐 6 克　黄油 15 克　砂糖 15 克　水 270 克　高筋粉 335 克　多谷物杂粮预拌粉 85 克

方法与步骤

基本操作步骤描述

调制面团→松弛(发酵)→分割→成型→醒发→面包坯装饰→烘烤。

步骤1　面团调制

◆ 高筋面粉过筛,多谷物杂粮预拌粉、砂糖、酵母慢速搅拌均匀,加入水、黄油中速搅打成筋性面团(面团形成,光滑、柔软还未扩展)(如图1-3-1所示)。

◆ 加入盐搅打至面团完全扩展,起缸(如图1-3-2)。

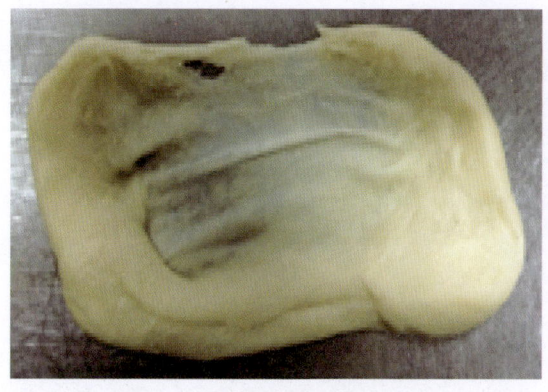

图1-3-1　面团未完全扩展　　　　　图1-3-2　面团完全扩展

☞**注意点**　◈ 加入水时应留少量的水,以便调整面团的软硬度。

◈ 面团搅拌低速3分钟、快速4分钟。

◈ 面团温度控制在25℃以内。

步骤2　发酵

◆ 将搅拌好的面团揉成光滑、柔软的面团,盖上保鲜膜放在操作台上发酵约25分钟(如图1-3-3所示)。

步骤3　面团分割

◆ 在操作台上撒少许面粉,用刮板取出面团,将面团切成2块揉成球状,面团表面盖上保鲜膜静置15分钟左右(如图1-3-4所示)。

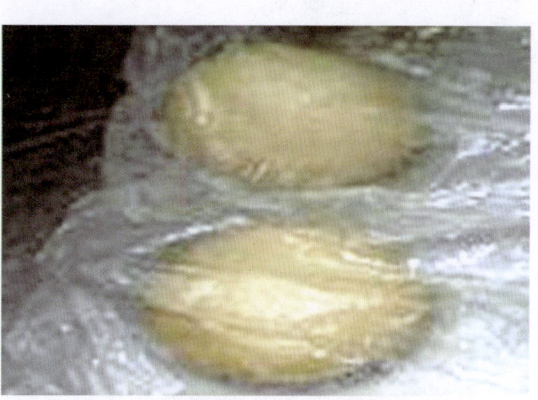

图1-3-3　面团发酵　　　　　　　　图1-3-4　面团分割

步骤4 面团成型

◆ 将面团收口向上，用手掌压平面团挤出空气，且搓成椭圆状，由外向内折叠至中间位置。接着将另外一面折叠至中间位置（如图1-3-5所示）。再将面团由外向内折叠至中间（如图1-3-6所示）。最后完成收口。

图1-3-5 面团折叠　　　　　　　　　　　　　图1-3-6 面团折叠

◆ 收口向下，双手放在面团中间轻轻揉匀（如图1-3-7所示），用双手将面团揉开为长条状，将面团搓成长约25厘米且两端尖细的面团（如图1-3-8所示）。

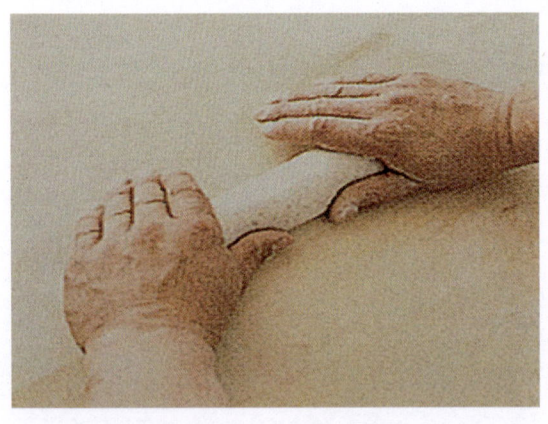 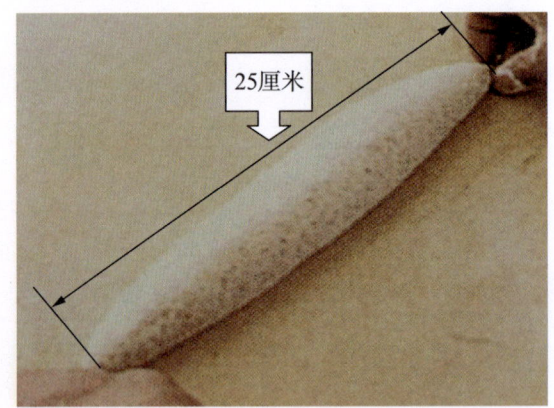

25厘米

图1-3-7 面团成型　　　　　　　　　　　　　图1-3-8 面团成型

步骤5 面团醒发

◆ 将面团放入醒发箱（醒发箱：温度30℃、湿度70%，时间60分钟）。

☞**注意点**　◇ 要正确掌握醒发温度、湿度和时间。

　　　　　　◇ 发酵不足的面包体积小，表皮着色浓厚。

　　　　　　◇ 发酵过度的面包体积大，形状上部伸展过度的侧面不硬实，表皮着色不良，蜂窝粗糙，香气不好，制品的保存期短。

步骤6　面团装饰

◆ 待面团醒发至原来的两倍大,即完成最后的发酵,将多谷物杂粮预拌粉撒在面团上(如图1-3-9所示),在面团表面划两刀,放入烤箱烘烤(如图1-3-10所示)。

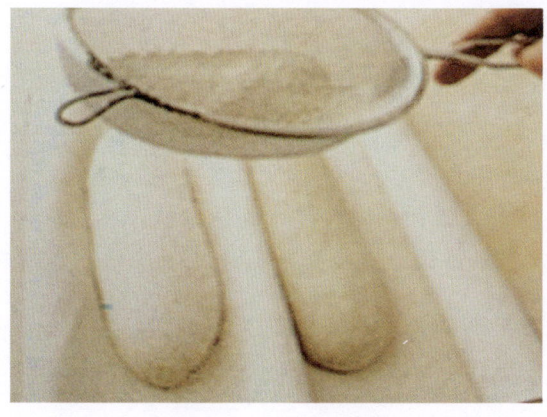

图1-3-9　面团装饰　　　　　　　　　　　　　图1-3-10　面团装饰

☞**注意点**　◈ 掌握好划刀的时机,划刀的进刀方法与深度。

　　　　　◈ 所用的刀片刀口要快。

步骤7　烘烤

◆ 将面包坯放入烤箱内烘烤。

◆ 烤箱温度:上火210℃、下火190℃。

◆ 烘烤时间:25分钟左右。

☞**注意点**　◈ 保证烤箱内的蒸汽供应充足。

　　　　　◈ 烘烤5分钟后需定时地喷蒸汽。

　　　　　◈ 烘烤的温度不要过高,烘烤的时间要严格掌握,以将面包烘烤至金黄色的时间为准,要防止出现夹生或焦糊现象(如图1-3-11所示)。

图1-3-11　健康杂粮面包

小知识

醒发适宜程度的判别

成型（醒发）到什么程度可入炉烘烤，这是关系面包质量的关键。通常，主要根据面粉的性能和品种的不同，凭经验来判别。常用的方法有以下三种。

1. 膨胀到烤后体积的 80％

如果根据经验知道烤后面包的大小，那么发酵膨胀到 80％ 的程度即可，其余 20％ 留在烘烤时膨胀，这样即可烤成预期的面包。80％ 是指平均而言，实际上炉内膨胀大的面团，发酵的程度还要轻一些（60％～75％），炉内膨胀不好的面团，都是发酵过度造成的（85％～90％），像枕形方面包，模上有盖，模的容积就是烤成面包的容积，因此膨胀 80％ 可以容易判定，而山形面包、小面包则需要凭经验看面团与模的高度来判定发酵程度。

2. 成型体积的 3～4 倍

因为烘烤体积是凭经验来确定的，不够确切，所以也可以按成型后的体积 3～4 倍来确定，这也需有目测的经验。

3. 按照形状、透明度、触感的方法来确定

这种方法是按照质的方法，不像上述两种按照量的方法，所以它有特别的意义。随着发酵的进行，不仅形状增大，接近适当时期时要往横向发展，要抓住这一点。另外，开始时有不透明和硬的感觉，随着膨胀变软、膜变薄，接近半透明的感觉。到最后时，用手轻轻触一触，有暄松的感觉，便是发酵适当的时期。发酵过度时用手一触则面团破裂塌陷。

评价要素

健康杂粮面包评分表

项目		评价要素	配分	得分
过程评分	1	卫生：操作中台面干净、卫生；结束后操作台整理干净、卫生；地面整理干净、卫生。	5	
	2	搅拌：准确使用机械，按顺序投料；顺序投料等搅拌操作手法准确。	5	
	3	操作：无场外带进面团；准确掌握搅拌时间；准确掌握搅拌程度。	5	
	4	成型：准确掌握中间醒发工序、松弛时间及最后醒发时间；正确选用搓、揉等成型操作手法；搓、揉等成型操作手法准确。	5	
结果评分	5	色泽：表面棕黄色、色泽均匀、无焦色。	12	
	6	形态：梭子状饱满、表面开刀划纹清晰、大小均匀。	16	
	7	口味：咸味适中、外脆内松软、不粘牙。	12	
	8	火候：上火无焦点、下火无焦黑、下火色泽均匀。	20	
	9	质感：外脆、内松软、气孔均匀。	20	
合　计			100	

思考与练习

1. 什么是脆皮面包？脆皮面包有何特点？
2. 健康杂粮面包烘烤前的面团装饰有何要求？
3. 健康杂粮面包制作过程中应注意些什么问题？

任务四　制作起酥面包

 任务描述

　　起酥面包是指有层次的质地松酥的面包,人们称为"松质面包"。

　　起酥面包的代表作要属丹麦面包。丹麦面包又称起酥起层面包,具有口感酥松、层次分明、入口即化、奶香味浓的特色,深受欧美国家消费者喜爱。但其加工工艺复杂,技术难度大。丹麦酥油面包是近年来开发的一种新产品,由于配方中使用较多的油脂,又在面团中包入大量的固体脂肪,所以属于面包中档次较高的产品。该产品既保持面包特色,又近于馅饼(Pie)及千层酥(Puff)等西点类食品。产品问世以后,由于酥软爽口,风味奇特,更加上香气浓郁,备受消费者的欢迎,近年来获得较大幅度的增长,因其含有较多的油脂,建议不宜多食。

　　通过学习,必须掌握面团的擀制及包油后的折叠、擀制技巧。

 任务分析

　　起酥面包是由两块不同质地的面团组成的,一块为水面团,一块为油面团,将两者反复折叠或压叠形成一块面团,制品烘烤后有明显的层次。

　　操作中要注意使用低温水调面团,水、面、油温度要接近,有条件时可用隔夜松弛的面团,醒发时温度要低、时间要长。

 产品名称

 丹麦羊角面包

配方

　　面团料:黄油 50 克　盐 8 克　酵母 20 克　砂糖 50 克　蛋液 50 克　水 250 克
　　　　　　奶粉 16 克　面包改良剂 4 克　高筋面粉 500 克
　　油面团料:起酥片(油)200 克

方法与步骤

基本操作步骤描述

　　调制面团→松弛(发酵)→包油、开面→分割成型→醒发→烘烤。

步骤1 面团调制

◆ 与软式面包面团调制相同。

步骤2 松弛

◆ 与软式面包面团松弛相同。

步骤3 包油、开面

◆ 包油：冷水面团擀薄（如图1-4-1所示），包酥皮油（如图1-4-2、1-4-3所示）。

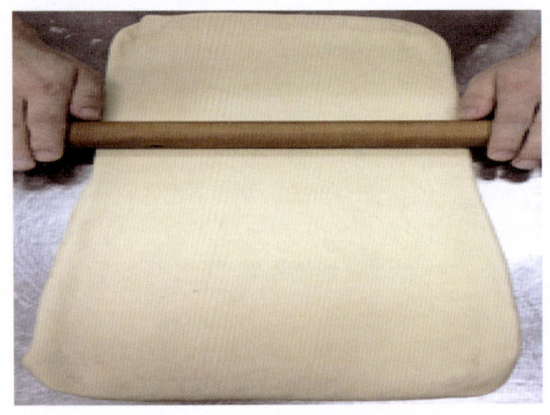

图1-4-1 冷水面团擀薄

图1-4-2 包裹酥皮油

图1-4-3 包好酥皮油

◆ 擀薄（如图1-4-4所示），一折三（如图1-4-5所示），冷藏20分钟。

◆ 擀薄，一折三，再擀薄（同上），造型。

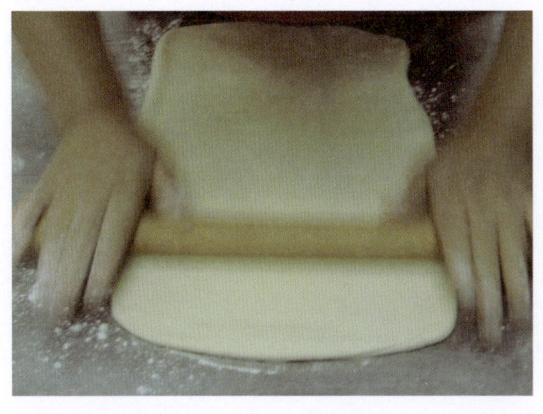

图1-4-4　面团擀薄

图1-4-5　面团一折三

☞**注意点**　◇ 起酥油与面团的软硬度一致,这样可以避免因软硬度不一致而出现的油脂分布不均匀或跑油现象,避免破坏层次、降低成品的质量。

◇ 擀制面坯时,应用力均匀。不要过猛,避免油脂外溢及影响制品膨胀的效果。

◇ 折叠次数不宜过多或过少。折叠过多,面坯成熟后酥而不松;折叠过少,面坯成熟时油脂易外溢,影响质量。

步骤4　分割成型

◆ 造型:面团切割成底边10厘米、高20厘米的等腰三角形(如图1-4-6所示)。向上折叠3~4次,小角压在下边(如图1-4-7所示),搓成橄榄型(如图1-4-8、1-4-9所示)。

☞**注意点**　◇ 切割面坯时,应使用较为锋利的刀具或模具,避免破坏面团的层次。

◇ 面团分割时,大小、形状要一致。

图1-4-6　面团切割

图1-4-7　面团整形

图 1-4-8　面团整形　　　　　　　　　　图 1-4-9　面团整形

步骤 5　醒发

◆ 将分割搓羊角状成型后,放在烤盘内的面包坯进醒发室最后发酵(如图 1-4-10 所示)。

图 1-4-10　面包坯醒发

◆ 醒发室温度:38 ℃,湿度:50％左右。
◆ 醒发时间:1 小时左右。

☞**注意点**　◎ 要正确掌握醒发温度、湿度和时间。
　　　　　　◎ 发酵不足的面包体积小,表皮着色浓厚。
　　　　　　◎ 发酵过度的面包体积大,形状上部伸展过度的侧面不硬实,表皮着色不良,蜂窝粗糙,香气不好,制品的保存期短。

步骤 6　烘烤

◆ 将醒发好的面包坯刷蛋液,并放入烤箱内烘烤。
◆ 烤箱温度:上火 200 ℃、下火 180 ℃。
◆ 烘烤时间:15 分钟左右,烘烤至金黄色(如图 1-4-11 所示),出炉冷却。

图 1-4-11　丹麦羊角面包

☞**注意点**　◈ 制品进行烘烤前刷蛋液时,应避免将蛋液滴流在其边缘,避免产生黏液封住切口,影响成品层次的清晰度。

◈ 成型后的面坯,须松弛后再进行烘烤,避免制品收缩。

◈ 烘烤的温度不要过高,烘烤的时间要严格掌握,以将面包烘烤至金黄色的时间为准,要防止出现夹生或焦糊现象。

 小知识

面团调制六阶段

在面团调制时,能明显地感到面团逐渐变软,黏性逐渐减弱,体积随之膨大,弹性不断增强,最终形成面团。搅拌的过程可分为以下六个阶段。

1. 混合原料阶段

混合原料阶段是面团搅拌的第一阶段,这时所有配方中干性、湿性原料混合在一起,使其成为一个既粗糙又湿润的面团,这时面筋还未开始形成,用手触摸面团能感觉很粗糙,无弹性和延伸性。

2. 面团卷起阶段

此时面筋开始形成,配方中的水分已全部被面粉吸收,由于面筋的形成,面团产生了强大的筋性,将整个面团结合在一起,开始不再黏缸,这时用手捏面团可发现不是很粗糙,但仍会黏手,没有延伸性,缺少弹性,而且易断裂。

3. 面筋扩展阶段

随着面筋不断地形成,面团表面已趋于干燥,而且较为光滑且有光泽,用手触摸时有弹性,并且柔软,拉面团时具有延伸性,但是易断裂。

4. 搅拌完成阶段

在此阶段,面筋已完全形成,柔软而且具有良好的延伸性。黏附在缸侧的面团又会发出噼啪的打击声和嘶嘶的黏缸声。此时面团的表面干燥有光泽且细腻无粗糙感。用手拉取面团时有良好的伸展性和弹性,并且能拉出一块很均匀的面筋膜。现在是搅拌的最佳阶段,即可停止,进行下道工序。

5. 搅拌过渡阶段

如果在搅拌完成阶段时还不停止而继续搅拌,则面筋超过了搅拌的耐力,就会逐渐打断。面团外表会再度出现含水的光泽,出现黏性,如停止搅拌面团则会向四周流泻,用手拉面团时没有弹性和延伸性,且很黏手,这会严重地影响面包的质量。

6. 面筋打断水化阶段

若再继续搅拌下去,面团就开始水化,越搅越稀且流动性很大。用手拉面团时,手掌上会有一丝丝的线状透明胶质出现。这时面筋已彻底被破坏,不能再用于制作面包。

评价要素

丹麦羊角面包评分表

项目		评价要素	配分	得分
过程评分	1	卫生:操作中台面干净、卫生;结束后操作台整理干净、卫生;地面整理干净、卫生。	5	
	2	搅拌:准确使用机械,按顺序投料;顺序投料等搅拌操作手法准确。	5	
	3	操作:无场外带进面团;准确掌握搅拌时间;准确掌握搅拌程度。	5	
	4	成型:准确掌握中间醒发工序、松弛时间及最后醒发时间;正确选用搓、揉等成型操作手法;搓、揉等成型操作手法准确。	5	
结果评分	5	色泽:表面金黄色、色泽均匀、无焦色。	12	
	6	形态:羊角状饱满、大小均匀、层次清晰。	16	
	7	口味:奶香味、咸度适中、不粘牙。	12	
	8	火候:上火无焦点、下火无焦黑、下火色泽均匀。	20	
	9	质感:外脆、内疏松、气孔均匀。	20	
合　　计			100	

思考与练习

1. 什么是起酥面包?起酥面包有何特点?
2. 起酥羊角面包"开面"时有何要求?
3. 起酥羊角面包制作过程中应注意些什么问题?

任务五　制作调理面包

 任务描述

　　调理面包也可称为风味面包,它为食品服务业提供了一种完美的解决方案。有些属于二次加工的面包,烤熟后的面包再一次加工制成,如三明治、汉堡包、热狗三种,实际上这是从主食面包派生出来的产品,这些简易的面包既可为顾客提供新鲜的家常面包,又不费时费力,它可使用几乎所有种类的面粉和各种水果、果仁和香料。有些风味面包也属做法特殊的面包,如圣诞节史吐伦面包、美式贝格面包等。

　　通过学习,我们知道面包其实有很多风味独特、做法特殊的品种,只要了解基本的制作方法,发挥想象力,再精心选择配料,必能制作出超凡产品。

 任务分析

　　各种调理面包的制作有其相对独特的地方,但也有许多相互借鉴的地方,学习时一定要在掌握制作原理的基础上展开想象,这是很重要的。我们通过几种调理面包的制作了解调理面包的制作特点,因种类繁多,配方有明显的风味特点和地域特色,但必须适合当地的人群食用。

 产品名称

 **葱油火腿包**

配方

面团料:高筋粉 500 克　黄油 40 克　盐 8 克　　奶粉 16 克　酵母 10 克
　　　　改良剂 4 克　　砂糖 80 克　水 260 克　蛋液 80 克
辅　料:培根丁　香葱末　玉米粒　色拉沙司少许

方法与步骤

基本操作步骤描述

　　调制面团→松弛(发酵)→分割成型→醒发→撒辅料→烘烤。

步骤 1　面团调制

◆ 与软式面包面团调制相同。

步骤 2　松弛

◆ 与软式面包面团松弛相同。

步骤 3　分割成型

◆ 将松弛好的面团搓成长条的圆柱形,分割成每只 70 克的面团。
◆ 将分割好的小面团搓圆、按压一下,用手指从外向身体方向推卷呈梭子状(如图 1-5-1所示)。

图 1-5-1　面团成型

◆ 放入烤盘,放置距离要均匀。

☞注意点　◎ 分割前面团放置时间不宜过长,以免发酵过度影响面包的品质。
　　　　　◎ 面团分割搓圆时,大小、形状要一致。

步骤 4　醒发

◆ 与软式面包面团醒发相同。

步骤 5　撒辅料

◆ 醒发至七八成,表面刷蛋液,撒上培根丁、香葱末、玉米粒、色拉沙司(如图 1-5-2所示)。

☞注意点　◎ 撒上培根丁、香葱末、玉米粒、色拉沙司时,量少许而且要均匀。

步骤 6　烘烤

◆ 将撒上培根丁、香葱末、玉米粒、色拉沙司的面包坯放入烤箱内烘烤。
◆ 烤箱温度:上火 180 ℃、下火 200 ℃。

◆ 烘烤时间：16分钟左右，烘烤至金黄色（如图1-5-3所示），出炉冷却。

图1-5-2　面包生坯

图1-5-3　葱油火腿包

注意点　　◎ 烘烤的温度不要过高，烘烤的时间要严格掌握，以将面包烘烤至金黄色的时间为准，要防止出现夹生或焦糊现象。

小知识

面团成熟度的判断

面包制作中所讲的"成熟"，是表示面团发酵到产气速率和保气能力都达到最大程度的时期。尚未达到这一时期的面团，叫做嫩面团；超过这一时期的面团，叫做老面团。

面团的成熟与面包的质量有密切关系。用成熟适度的面团制得的面包，皮薄有光泽，瓤内的蜂窝薄、半透明，具有酒香和酯香；用嫩面团制的面包，面包体积小，皮色深，瓤内蜂窝不均匀，香味淡薄；用老面团制的面包，皮色淡，灰白色，无光泽，蜂窝壁薄，气孔不匀，有大气泡，有酸味和不正常的气味。

因此，判断面团的适宜成熟度，是面团发酵技术管理中的重要一环。辨别面团是否成熟有以下几种方法：

（1）用手指轻轻插入面团内部，待手指拿出后，如四周的面团不再向凹处塌陷，被压凹的面团也不会立即复原，仅在凹处周围略微下落，表示面团成熟；如果被压凹的面团很快恢复原状，表示面团成熟过度。

（2）用手将面团撕开，如内部呈丝瓜瓤状并有酒香，说明面团已经成熟。

（3）用手将面团握成团，如手感发硬或粘手说明面团嫩；如手感柔软且不粘手就是成熟适度；如面团表面有裂纹或很多气孔，说明面团已经老了。

评价要素

葱油火腿包评分表

项目		评价要素	配分	得分
过程评分	1	卫生：操作中台面干净、卫生；结束后操作台整理干净、卫生；地面整理干净、卫生。	5	
	2	搅拌：准确使用机械，按顺序投料；顺序投料等搅拌操作手法准确。	5	
	3	操作：无场外带进面团；准确掌握搅拌时间；准确掌握搅拌程度。	5	
	4	成型：准确掌握中间醒发工序、松弛时间及最后醒发时间；正确选用搓、揉等成型操作手法；搓、揉等成型操作手法准确。	5	
结果评分	5	色泽：表面金黄色、色泽均匀、无焦色。	12	
	6	形态：梭子形、端正饱满、大小均匀。	16	
	7	口味：馅料咸鲜味适中、面团甜味、不粘牙。	12	
	8	火候：上火无焦点、下火无焦黑、下火色泽均匀。	20	
	9	质感：松软、有弹性、气孔均匀。	20	
合　　计			100	

思考与练习

1. 什么是调理面包？调理面包有何特点？
2. 葱油火腿包烘烤前对装饰有何要求？
3. 葱油火腿包制作过程中应注意些什么问题？

项目二 制作混酥类糕点

西点是西方饮食文化中一颗璀璨明珠，它同东方烹饪一样，在世界上享有很高的声誉。欧洲是西点的主要发源地，英国、法国、西班牙、德国、意大利、奥地利、俄罗斯等国家已有相当长的西点制作历史，并在发展中取得了显著的成就。

糕点是指各种含油量较大，含糖、蜜、奶、蛋、果料等较多，含水量较少的食品。糕点制作历史悠久，初具现代风格的西式糕点大约出现在欧洲文艺复兴时期，糕点制作不仅革新了早期的方法，而且品种也不断增加。进入新的繁荣时期后，现代西点中两类最主要的点心——排和起酥点心相继出现。18世纪，磨面技术的改进为面包和其他糕点提供了质量更好、种类更多的面粉，这些都为西式糕点的现代生产创造了有利条件，并用其来制作排。法国和西班牙在制作排的时候，采用了一种新的方法，即将奶油分散到面团中，再将其折叠几次，使成品具有酥层，这种方法为现代起酥点心的制作奠定了基础。

混酥类糕点是以黄油、砂糖、面粉和少量鸡蛋为主要原料，经过面坯调制、制作成型、烘烤、装饰等工艺而制成的一类点心。此类糕点的面坯无层次，但具有酥松性。

混酥面坯制品多见于各种饼干类、派类、塔类、排类以及各式蛋糕的底部材料和甜点的表面装饰等，用途非常广泛。

混酥面团的酥松，主要是由面团中的面粉和油脂等原料的性质所决定的。当油脂与面粉有机地结合时，面粉的颗粒被油脂包围，并牢牢与油脂黏结在一起，使面粉颗粒间形成一层油脂膜，使面坯中的面筋蛋白质不能吸水形成面筋网络，从而使制品酥松，同时随着黄油、鸡蛋的搅拌，面粉颗粒间的距离加大，且空隙间充满空气，当面坯受热时，空气膨胀，使制品更加酥松。

能 力 目 标

- 了解混酥类糕点的分类
- 知道混酥面团的调制
- 知道混酥类糕点成型的基本方法及技巧
- 能制作出各式饼干、派类、塔类、排类制品
- 知道面包常见的质量问题
- 知道混酥类糕点常见的质量问题

任务一 制作饼干

 任务描述

　　饼干是以小麦粉（可添加糯米粉、淀粉等）为主要原料，加入（或不加入）糖、油脂及其他原料，经调粉（或浆）、成型、烘烤（或煎烤）等工艺制成的口感酥松或松脆的食品。

　　饼干是除面包外生产规模最大的焙烤食品，有人把它列为面包的分支。饼干一词来源于法国，称为 Biscuit，其意是再次烘烤面包。我国自改革开放以来，由于起点高、规模大、产品质量好、经营方式灵活等优势，很快占领了市场。近几年，饼干业的生产工艺、原辅材料、自动化机械设备、包装技术的明显提高，使饼干业迅速发展。

　　饼干的花式品种繁多，分类颇为困难。按制作原理分为酥性饼干、韧性饼干和发酵饼干；按成型方式分为冲印饼干、辊印饼干、辊切饼干和挤出饼干等。

　　本任务学习手工制作酥性类饼干，又称混酥类饼干，是以面粉、油脂、鸡蛋、糖等为主原料，辅以食品膨松剂，经过调制、成型、烘烤等工艺形成的有酥松性的饼干制品。

 任务分析

　　油酥类饼干面料调制工艺常见的有两种：一种是将面坯调制好后，直接成型，加工成成品；另一种是将调制好的面坯放入冰箱冷冻一段时间后，再加工成所需的形状和大小。两种方法运用都很广泛。

　　由于油酥类饼干中加入一定比例的食品膨松剂，面坯在制品成熟过程中，分解产生二氧化碳气体，使产品达到酥松，所以要注意常用的碳酸氢铵、碳酸氢钠和泡打粉三种食品膨松剂的不同特点。

 产品名称

 **麦片饼干**

配方

　　面糊料：低筋粉 67 克　　麦片 20 克　　苏打 1 克　　盐 1 克　　黄油 55 克　　糖粉 47 克
　　　　　　葡萄干 15 克　　鸡蛋 1 只

方法与步骤

基本操作步骤描述

调制面糊→面坯成型→饼干成熟。

步骤 1　面糊调制

◆ 糖粉、油拌匀，搓松发（如图 2-1-1 所示）。

a）原料：糖粉、黄油

b）搓松发

c）拌匀的糖粉、黄油

图 2-1-1　糖、油搓松发

◆ 分次加蛋、拌匀搓透（如图 2-1-2 所示）。

a) 原料：鸡蛋

b) 分次加入鸡蛋

c) 搓

d) 搅拌均匀

e) 再次加入鸡蛋

f) 再搅拌均匀

图2-1-2 加鸡蛋拌匀

◆ 加入葡萄干、过筛面粉、麦片、苏打、盐等，拌成均匀的光滑面糊（如图2-1-3所示）。

a）加入葡萄干、面粉等原料

b）开始拌匀

c）即将拌好的面糊

d）用手指拌面糊

e）面糊

图 2-1-3　加入葡萄干、面粉等原料拌匀

◆ 面糊装入裱花袋（如图 2-1-4 所示）。

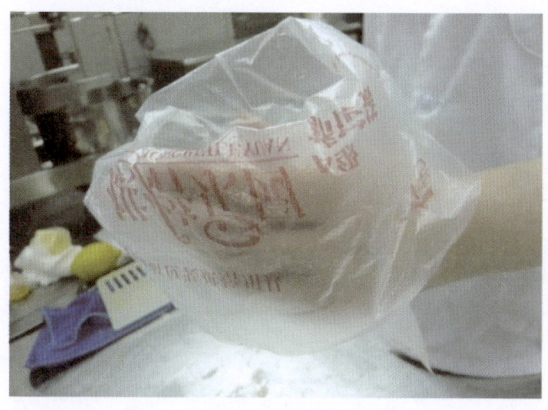

a）一次性裱花袋   b）面糊装入裱花袋

图2-1-4 面糊装入裱花袋

☞**注意点**　◆　糖粉、油、蛋，一定要拌匀搓透。

　　　　　　◆　加入过筛面粉后，用手指轻轻地拉成光滑面糊，不要用力搓，否则易起筋。

步骤2 成型

◆　在烤盘内挤成圆形，用手沾水压扁（如图2-1-5所示）。

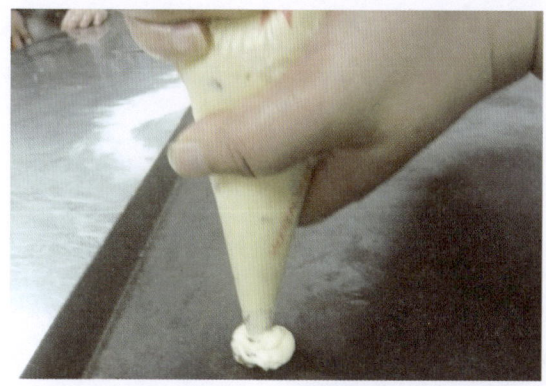

a）挤裱成型   b）挤好的饼干生坯

c）用手沾水压扁

图2-1-5 麦片饼干成型

注意点　◇ 裱成圆形时裱花袋要垂直。
　　　　　　◇ 饼干生坯之间要距离相等、形态与大小一致。

步骤3　烘烤

◆ 将成型的饼干生坯放入烤箱内烘烤(如图2-1-6所示)。
◆ 烤箱温度:上火170℃、下火150℃,时间14分钟左右。
◆ 烘烤至表面棕黄色,出炉、冷却、装盘(如图2-1-7所示)。

图2-1-6　饼干生坯放入烤箱烘烤

图2-1-7　麦片饼干

注意点　◇ 烤箱要先预热,烤箱的温度到达设置温度时,饼干生坯才可以放入烤箱烘烤。
　　　　　　◇ 掌握烘烤的时间,出炉前检查饼干是否成熟。
　　　　　　◇ 如果烤盘中饼干坯的量比较多,烘烤时出现色泽不一时,在烘烤结束前2~3分钟时,可将烤盘转90度,继续烘烤。

 小知识

饼 干 分 类

根据国标(GB/T1433.1-1433.11-2009),按照加工工艺分类,将饼干分为以下13类。

1. 酥性饼干

以小麦粉、糖、油脂为主要原料,加入膨松剂及其他辅料,经冷粉工艺调粉、辊压、成型、烘烤制成的表面多为凸花、断面结构呈多孔状组织、口感疏松或松脆的饼干。

2. 韧性饼干

以小麦粉、糖(或无糖)、油脂为主要原料,加入膨松剂、改良剂及其他辅料,经热粉工艺调粉、辊压、成型、烘烤而成的表面花纹多为凹花、外观光滑、表面平整,一般有针眼,断面有层次且口感疏松的饼干。

3. 发酵饼干

发酵饼干以小麦粉、油脂为主要原料,酵母为膨松剂,加入各种辅料,经调粉、发酵、辊压、叠层、成型、烘烤制成的酥松或松脆,具有发酵制品特有香味的饼干。

4. 压缩饼干

压缩饼干以小麦粉、糖、油脂、乳制品为主要原料,加入其他辅料,经冷粉工艺调粉、辊印、烘烤成饼坯后,再经粉碎,添加油脂、糖、营养强化剂或其他干果、肉松、乳制品等,拌和、压缩制成的饼干。

5. 曲奇饼干

以小麦粉、糖、糖浆、油脂、乳制品为主要原料,加入膨松剂及其他辅料,经冷粉工艺调粉,采用挤注或者挤条、钢丝切割或辊印方法中的一种形式成型、烘烤制成的具有立体花纹或表面有规则波纹的饼干。

6. 夹心(或注心)饼干

在饼干单片之间(或饼干空心部分)添加糖、油脂、乳制品、巧克力酱、各种复合调味酱等夹心料而制成的饼干。

7. 威化饼干

以小麦粉(或糯米粉)、淀粉为主要原料,加入乳化剂、膨松剂等辅料,经调浆、浇注、烘烤制成的多孔状片子,通常在片子之间添加糖、油脂等夹心料的两层或多层的饼干。

8. 蛋圆饼干

以小麦粉、糖、鸡蛋为主要原料,加入膨松剂、香料等辅料,经搅打、调浆、挤注、烘烤制成的饼干。

9. 蛋卷

以小麦粉、糖、鸡蛋为主要原料,添加或不添加油脂,加入膨松剂、改良剂及其他辅料,经调浆、浇注或挂浆、烘烤卷制而成的蛋卷。

10. 煎饼

以小麦粉(可添加糯米粉、淀粉等)、糖、鸡蛋为主要原料,添加或不添加油脂,加入膨松剂、改良剂及其他辅料,经调浆或挂浆、煎烤制成的饼干。

11. 装饰饼干

在饼干表面涂布巧克力酱、果酱等辅料或喷撒调味料或裱粘糖花而制成的表面有涂层、线条或图案的饼干。

12. 水泡饼干

以小麦粉、糖、鸡蛋为主要原料,加入膨松剂,经调粉,多次辊压、成型、热水烫漂、冷水浸泡、烘烤制成的具有浓郁蛋香味的疏松、轻质饼干。

13. 其他饼干

薄脆饼干、粘花饼干等。

评价要素

麦片饼干评分表

项目		评 价 要 素	配分	得分
过程评分	1	卫生:操作中台面干净、卫生;结束后操作台整理干净、卫生;地面整理干净、卫生。	5	
	2	搅拌:正确选用搓等搅拌操作手法;搓等搅拌操作手法准确。	5	
	3	操作:无场外带进面坯;准确掌握搓等搅拌工序;准确搓等搅拌时间;准确掌握搓等搅拌程度。	5	
	4	成型:正确选用裱挤等成型操作手法;裱挤等成型操作手法准确。	5	
结果评分	5	色泽:表面棕黄色、色泽均匀、无焦色。	12	
	6	形态:圆形、大小厚薄一致。	16	
	7	口味:麦片味、甜度适中。	12	
	8	火候:上火无焦点、下火无焦黑。	20	
	9	质感:酥、松、脆。	20	
合　　计			100	

思考与练习

1. 饼干是如何分类的? 各类饼干有何特点?

2. 饼干的成型方法有哪些?

3. 饼干制作过程中应注意些什么问题?

任务二 制作派类糕点

 任务描述

在美国历史上早期的拓荒时代,对那些拓荒者的妻子们来说,每周烤制 21 个派(每顿饭 1 个)实在是一件再平常不过的事,没有水果时,主妇们就地取材,使用土豆、醋、苏打饼干等来制作派点。一直到现在,派点仍是最受欢迎的甜点之一,尽管巧克力派的馅料与巧克力布丁一样,但大多数顾客还是愿花更高价去买一份巧克力派,即使他们根本就不吃派点饼皮。

派是一种油酥面饼,内含水果或馅料,常用圆形模具做坯模。其口味有甜、咸两种。通过学习,我们应掌握一般派类制品的制作方法。

 任务分析

派面团就其配料而言比较简单,只不过是面粉、油脂、水和盐等。制作的成败与否取决于面粉和油脂混合是否充分,面筋生成是否成功。正确的制作技术是成功的关键,如果你理解了这些制作技术的原理,就会将它们牢牢记住。

 产品名称

 苹果派

配方

底坯料:低筋粉 165 克　黄油 90 克　糖粉 80 克　盐 2 克　蛋液 35 克

馅　料:肉桂粉 2 克　苹果 2 个　砂糖 50 克　黄油 15 克

方法与步骤

基本操作步骤描述

苹果馅料的制作→调制混酥面团→底坯成型→底坯烘烤→苹果派成型→苹果派烘烤。

步骤 1　苹果派馅料制作

◆ 把馅料中的苹果洗净、去皮、切片（如图 2-2-1 所示）。

a）去皮

b）切块

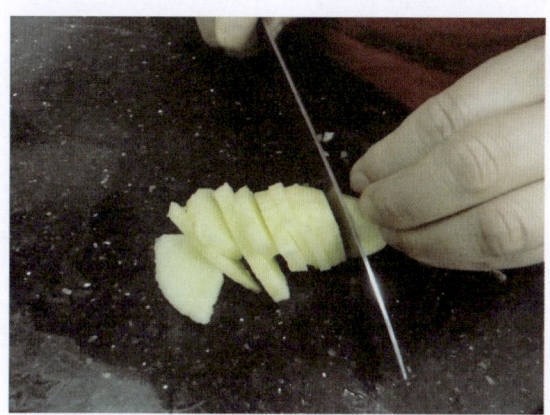

c）切片

图 2-2-1　苹果切片

◆ 黄油放入锅内，加苹果片、砂糖翻炒，加肉桂粉拌匀（如图 2-2-2 所示）。

a）苹果片

b）加入糖

c）加热翻炒

d）加肉桂粉翻炒

图2-2-2　苹果馅料制作

步骤2　调制混酥面团

◆ 调制成混酥面：糖、油拌匀，搓松发（如图2-2-3所示）。

a）糖粉、油脂

b）搓松发

图2-2-3　糖、油搓松发

◆ 分次加鸡蛋液拌匀（如图2-2-4所示）。

a）鸡蛋液

b）分次加入鸡蛋液

c）搅拌均匀

图 2－2－4　加入鸡蛋液拌

◆ 加面粉、盐，用折叠法混合成团（如图 2－2－5 所示），翻折光滑，成混酥面团，搓成圆柱形状的面团（如图 2－2－6 所示）。

a）加入面粉

b）搅拌

图 2－2－5　加入面粉搅拌

图 2－2－6　光滑混酥面团

☞ **注意点**　◇ 糖粉、油、蛋，一定要拌匀搓透。

　　　　　　◇ 加入面粉后，不要用力搓，否则易起筋，影响产品的酥松。

步骤3　底坯成型

◆ 将混酥面团分两团，其中一个团擀成比模具稍大一些，圆形，放入模具内（如图2-2-7所示），修整齐、戳小洞（如图2-2-8所示）。

a）面团一分为二

b）擀薄面团

c）模具

d）擀薄的面团覆盖在模具上

图2-2-7　底坯制作

图2-2-8　修整齐、戳小洞的底坯

☞**注意点**　◎ 擀薄面团紧贴塔模内壁。

　　　　　　◎ 底坯需修剪整齐、戳小孔,避免烘烤时底部面坯不平。

步骤 4　底坯烘烤

◆ 将制作好的底坯放入烤盘中,再放入预热好的烤箱内进行烘烤(如图 2-2-9 所示),烘烤温度:上火 180 ℃、下火 180 ℃,烘烤时间 10 分钟。

图 2-2-9　底坯进烤箱

☞**注意点**　◎ 烤箱一定要预热,否则会影响制作进度及产品质量。

步骤 5　苹果派成型

◆ 将另一块面团擀成薄片,并划长条待用。底坯烘烤结束后冷却,然后将制作好的苹果派馅料放入底坯内,铺平,将薄片长条搭菱形覆盖在放好馅料的底坯上,表面刷蛋液(如图 2-2-10 所示)。

☞**注意点**　◎ 薄片长条覆盖在馅料的表面进行装饰时,造型要美观,呈菱形图案。

　　　　　　◎ 表面要刷蛋液,有利于上色。

a) 划长条　　　　　　　　　　　b) 馅料放入底坯

c）搭菱形

d）苹果派生坯

e）刷蛋液

图2-2-10 底坯制作

步骤6 苹果派烘烤

◆ 表面刷好鸡蛋液的苹果派生坯放入烤盘，进烤箱烘烤，烘烤温度：上火180 ℃、下火180 ℃，烘烤时间20分钟左右，烤至金黄色，出炉、脱模、冷却（如图2-2-11所示）。

☞**注意点** ◈ 注意掌握烘烤的时间、温度，出炉前检查是否成熟。

a）烘烤待冷却的苹果派

b）脱模后的苹果派

图2-2-11 冷却、脱模

小知识

<h1 style="text-align:center">派　　类</h1>

在冷餐会上经常食用的有各种派类,常见的派类有甜咸、大小及不同的底坯之分,如混酥、清酥等各类派。用各种新鲜水果或果仁调制馅料,或用奶酪、肉类、鱼类、蔬菜等制馅料,在冷餐会中很受欢迎。

派的分类:

1. 单层派

单层派是由一层派皮上面盛装各种馅料而制成的,它又分为以下各项:

(1) 生皮生馅派:是以鸡蛋为凝冻原料,并加入根茎类植物,如牛奶鸡蛋布丁派、南瓜派、胡萝卜派等。

(2) 熟皮熟馅派:①奶油布丁派:以玉米淀粉为凝冻原料,加入较甜较软的水果,如巧克力布丁派、柠檬布丁派、香蕉派等;②戚风派:布丁戚风派是以玉米淀粉作为凝冻原料;③冷冻戚风派:以明胶作为凝冻原料。

2. 双层派

双层派是用两片派皮将煮好的馅包在中间,然后进炉烘烤,它又分为以下三种:

(1) 水果派:是使用较硬的水果做馅料,如苹果派、樱桃派和菠萝派等。

(2) 肉派:使用牛肉、鸡肉等作为馅料。

(3) 油炸派:如油炸苹果派、樱桃派等。

评价要素

苹果派评分表

项目		评 价 要 素	配分	得分
过程评分	1	卫生:操作中台面干净、卫生;结束后操作台整理干净、卫生;地面整理干净、卫生。	5	
	2	搅拌:正确选用揉、拌等搅拌操作手法;揉、拌等搅拌操作手法准确。	5	
	3	操作:无场外带进面坯;准确掌握揉、拌等搅拌工序;准确揉、拌等搅拌时间;准确掌握揉、拌等搅拌程度。	5	
	4	成型:正确选用擀、切割等成型操作手法;擀、切割等成型操作手法准确。	5	
结果评分	5	色泽:棕黄色、色感均匀、无焦黑。	12	
	6	形态:圆形、厚薄一致、端正无缺损。	16	
	7	口味:苹果味、甜度适中、口感细腻。	12	
	8	火候:上火无焦点、下火无焦黑、下火色泽均匀。	20	
	9	质感:派底坯酥松、馅料滑嫩、馅料软。	20	
合　　计			100	

思考与练习

1. 如何制作苹果派的底坯?

2. 制作苹果派时,在成型过程中应注意些什么问题?

3. 派类糕点常见的质量问题有哪些?

任务三 制作塔类糕点

 任务描述

对于从事西点制作的人来说,制作西点是一项最具挑战性的工作,它为我们提供了发挥艺术创造力的无限空间。前个任务派类制品制作的完成,并不代表我们能顺利完成本次任务塔类制品的制作。

一个塔并非只是没有顶部面皮的派,塔小而轻,色鲜艳,外形多以水果精心排列而成。塔有大、小之分,多半是单人份的。

通过学习,我们应知道一般塔类糕点的制作方法,特别要展开自己的想象力,提高西点的装饰能力。

 任务分析

与派盘不同,塔盘较浅,而且边是直的。在食用前需从塔盘中取出,最好使用底部可拆卸的盘,也可用纸作盘的底部。小塔模具是不可拆卸的,因体积小而很容易脱模。塔未必一定是圆的,也可做成方形。

因为塔所用的馅料比派的少,所以,面团的味道更显重要,尽管可使用派面团,但是使用有奶味浓郁的膨松面团和油酥面团效果更佳。

 产品名称

 栗子塔

配方

底坯料:低筋粉 100 克　黄油 65 克　糖粉 40 克　净蛋 15 克

馅　料:栗子粉 20 克　砂糖 30 克　鸡蛋 1 只　牛奶 100 克　水 30 克
　　　　鲜奶 100 克

方法与步骤

基本操作步骤描述

调制混酥面团→底坯成型→底坯烘烤→馅料调制→栗子塔成型→装饰。

步骤 1　调制成混酥面

◆ 调制成混酥面(步骤与苹果派制作中调制混酥面团的步骤一样,图省略):糖、油拌匀,搓松发,分次加蛋拌匀,加面粉,用折叠法混合成团,翻折光滑,成混酥面。

◆ 搓成圆柱形状的面团,冷藏松弛。

☞**注意点**　◇ 糖粉、油、蛋,一定要拌匀搓透。

　　　　　　◇ 加入过筛面粉后,用折叠法混合成团,不要用力搓,否则易起筋。

步骤 2　底坯成型

◆ 将混酥面团分 6 小块,捏入塔模,要修整齐,并戳小洞(如图 2-3-1、图 2-3-2 所示)。

a) 圆柱形混酥面团

b) 切割成 6 块

图 2-3-1　混酥面团

a) 塔模

b) 入模

c）捏

d）贴紧塔模边

e）修整齐

f）戳小洞

图 2-3-2　底坯制作

☞**注意点**　◈ 面团应紧贴塔模内壁。
　　　　　　◈ 塔模四周要修整齐，并在底部戳小洞。

步骤3　底坯烘烤

◆ 将修整齐、戳好小洞的栗子塔底坯放入烤箱烘烤（如图 2-3-3 所示），烘烤温度：上火
170 ℃、下火 180 ℃，烘烤时间 18 分钟左右，烤至金黄色，出炉，并冷却、脱模，待用。

a）进烤箱烘烤

b）烘烤好的底坯

图 2-3-3　烘烤

☞**注意点**　◇　注意掌握烘烤的时间、温度,出炉前检查饼坯是否成熟。

步骤4　馅料调制

◆　鸡蛋、砂糖、牛奶搅拌均匀(如图2-3-4所示),加入栗子粉(栗子粉先与水拌匀)拌匀(如图2-3-5所示)。

　　　　a) 原料:蛋、糖、牛奶　　　　　　　　　　b) 搅拌均匀

图2-3-4　蛋、糖、牛奶搅拌均匀

　　　　　a) 加入栗子粉　　　　　　　　　　　　b) 搅拌均匀

图2-3-5　加入栗子粉拌匀

◆　小火加热至稠,冷却待用(如图2-3-6所示)。
◆　鲜奶打至微发(如图2-3-7所示),分成两份,一份鲜奶与上述调制好的鸡蛋、砂糖、牛奶、栗子粉等一起拌匀,装入一次性裱花袋中(如图2-3-8所示)。

☞**注意点**　◇　鸡蛋、砂糖、牛奶、栗子粉、水等要拌匀后再加热。
　　　　　　　◇　馅料一定要冷却后才与微打发的鲜奶油拌匀,否则会影响成品外观。

49

a) 加热

b) 加热搅拌至一定稠度

图 2-3-6　加热至稠

图 2-3-7　鲜奶油搅打至微发

a) 加入鲜奶油

b) 搅拌

c) 栗子塔馅料

d) 装入裱花袋

图 2-3-8　制作馅料

步骤5　栗子塔成型

◆ 将调制好的馅料挤于烘烤后的塔坯(如图 2-3-9 所示)。

a) 底坯挤入馅料

b) 馅料已挤入底坯

图 2-3-9　馅料挤入底坯

☞注意点　◇ 底坯中挤入馅料的量要相同。

　　　　　◇ 挤入底坯的馅料形态要一致、美观。

步骤6　装饰

◆ 用另一份鲜奶油来对栗子塔的表面进行装饰,也可以用樱桃等水果进行点缀装饰(如图 2-3-10 所示)。

☞注意点　◇ 挤入鲜奶油时,要用小的平口裱花嘴,要求线条清晰,纹路流畅。

　　　　　◇ 樱桃点缀时,要放在栗子塔顶部的中间。

a) 挤入鲜奶油

b) 挤好鲜奶油的栗子塔

c) 用樱桃点缀

d) 装饰好的栗子塔

图 2-3-10 装饰

 小知识

混酥类面团的特性

（1）混酥类面团是用面粉、蛋、砂糖、油脂及根据品种要求再添加适量化学疏松剂调制而成的酥性面团。其成品特点是：酥、松。该类面团加馅料可以制作甜、咸口味的派、塔、排等干点心，又可加工成小型茶点、曲奇等，是西点制作中的基本面团之一。

（2）混酥类底坯酥松是由面团中的面粉和油脂等原料的性质所决定的。

◇ 疏松性

油脂是一种具有一定黏性和表面张力的胶体物质，与面粉结合时，油脂覆盖在面粉周围，黏在一起形成了一种油脂膜，阻隔了面粉间的黏结，面粉中蛋白质不能再吸水胀润，依靠油脂的黏连性（包括蛋、糖）成团。因这种黏连性相当松散，所以混酥类品种有疏松的特点。

◇ 酥松性

由于此种面团的面粉颗粒被油脂所包围，颗粒与颗粒之间分开而且距离加大，空隙中充满了空气，当面团在烘烤时，空气受热膨胀，使制品膨胀酥松。同时加热后蛋白质变性，淀粉

"焦化",使成品组织脆化,口感酥香。

评价要素

栗子塔评分表

项目		评 价 要 素	配分	得分
过程评分	1	卫生：操作中台面干净、卫生；结束后操作台整理干净、卫生；地面整理干净、卫生。	5	
	2	搅拌：正确选用揉、拌等搅拌操作手法；揉、拌等搅拌操作手法准确。	5	
	3	操作：无场外带进面坯；准确掌握揉、拌等搅拌工序；准确揉、拌等搅拌时间；准确掌握揉、拌等搅拌程度。	5	
	4	成型：正确选用擀、切割、捏等成型操作手法；擀、切割、捏等成型操作手法准确。	5	
结果评分	5	色泽：淡咖啡色、色泽均匀、表面光洁。	12	
	6	形态：圆形塔状、大小均匀、端正无缺损。	16	
	7	口味：栗子味、甜度适中、口感细腻。	12	
	8	火候：上火无焦点、下火无焦黑、下火色泽均匀。	20	
	9	质感：塔底坯酥松、馅料软且糯。	20	
合　　计			100	

思考与练习

1. 调制混酥面团时应注意些什么问题？
2. 混酥糕点常见的质量缺陷有哪些？
3. 如何制作栗子塔馅料？

任务四　制作排类糕点

 任务描述

　　椰丝排是混酥类制品中的典型产品。通过本任务引领,运用做学一体的教学方法,使学生学会制作"椰丝排"的制作,并学会混酥类点心制作的一般工艺和方法。

　　在实践制作中掌握焙烤食品制作的一些技能,并能联系所学理论,对制作中的注意事项有更深层的理解。

　　制作椰丝排的工艺流程是:底坯面团的制作→面料调制→在底坯上铺面料→烘烤制品→切块装盘。

　　制作的椰丝排要求是:表面色泽棕黄色,大小一致,厚薄均匀,甜度适宜,花生味浓郁,质感酥松。

 任务分析

　　在制作椰丝排的过程中主要涉及以下技能的学习,分别是:搓揉技能、折翻法调制面团的技能、擀制面片的技能、面料铺设的技能和产品烘烤的技能。

　　在这些技能的学习中特别要加强折翻法调制面团技能的学习,用右手按下面粉,左手拿刮板铲起部分面团,折断,翻上,右手再按下,如此反复,从不同方向进行折翻,直至面团有黏连性,但还能看到有少许的面粉就可以了,用这种手法调制面团,一方面达到混合物料、调制面团的目的,另一方面可有效地防止面团起筋,满足产品酥松口感的需要。操作过程中尽量避免形成面筋,否则导致制品过硬、不酥松。

 产品名称

 **椰丝排**

配方

　　底坯料:黄油 75 克　糖粉 50 克　净蛋 35 克　低筋粉 125 克
　　表面料:椰丝 100 克　蛋清 55 克　砂糖 60 克　盐 2 克

方法与步骤

基本操作步骤描述

调制混酥面团→底坯成型、烘烤→面料调制→椰丝排成型→烘烤→切块装盘。

步骤1 调制混酥面团

◆ 调制混酥面团(步骤与苹果派制作中调制混酥面团的步骤一样,图省略):糖、油拌匀,搓松发,分次加蛋拌匀,加面粉,用折叠法混合成团,翻折光滑,成混酥面团。

◆ 搓成圆柱形状的面团,冷藏松弛。

☞**注意点** ◇ 糖粉、油、蛋,一定要拌匀搓透。

◇ 加入过筛面粉后,用折叠法混合成团,不要用力搓,否则易起筋。

步骤2 底坯成型、烘烤

◆ 用擀面棍在纸上将混酥面团擀成薄片(长方形)(如图2-4-1、图2-4-2所示)。

a) 圆柱形的混酥面团 b) 擀制

图2-4-1 擀制底坯

图2-4-2 擀制好的底坯

◆ 将擀制好的底坯放入烤盘内,进烤箱烘烤,烘烤温度:上火 190 ℃,下火 170 ℃,时间 10 分钟,出炉,冷却(如图 2 - 4 - 3 所示)。

图 2 - 4 - 3　烘烤好的底坯

☞**注意点**　◇ 擀制底坯时用力要均匀。

　　　　　　◇ 擀制的底坯厚薄均匀、块形完整、表面光滑。

　　　　　　◇ 注意烘烤时间,避免烘烤时间过长,而使底坯烤焦。

步骤 3　面料调制

◆ 蛋清、砂糖打至干性发泡,加椰丝拌匀,待用(如图 2 - 4 - 4 所示)。

☞**注意点**　◇ 蛋清、砂糖一定要打至干性发泡,如蛋清、糖打得太"嫩",则面料铺在底坯上后会渗漏,如蛋清、糖打得太"老",则会影响成品的表面质量(如图 2 - 4 - 5 所示)。

步骤 4　椰丝排成型

◆ 将调制好的面料铺于底坯上,并抹平(如图 2 - 4 - 6)。

☞**注意点**　◇ 面料平铺于底坯时,面料一定要抹平,否则影响产品外观。

步骤 5　烘烤

◆ 将椰丝排生坯放入烤盘,进烤箱烘烤,烘烤温度:上火 190 ℃、下火 170 ℃,时间 20 分钟左右,烤至金黄色,出炉(如图 2 - 4 - 7 所示)。

☞**注意点**　◇ 注意掌握烘烤的时间、温度,出炉前检查是否成熟。

步骤 6　切块装盘

◆ 烘烤成熟后,出炉、冷却,用刀具切除四边,然后再切 6 块,装盘(如图 2 - 4 - 8 所示)。

☞**注意点**　◇ 切割时,要切除四边,再切 6 块,保证成品比较美观。

　　　　　　◇ 切割时,6 块大小、形态一致。

a）蛋清

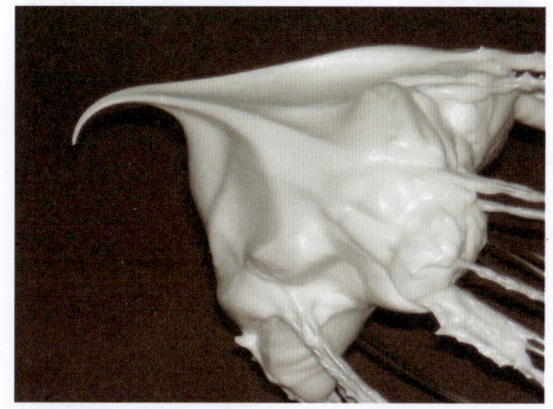

b）干性发泡

c）加入椰丝拌匀

图 2－4－4　面料调制

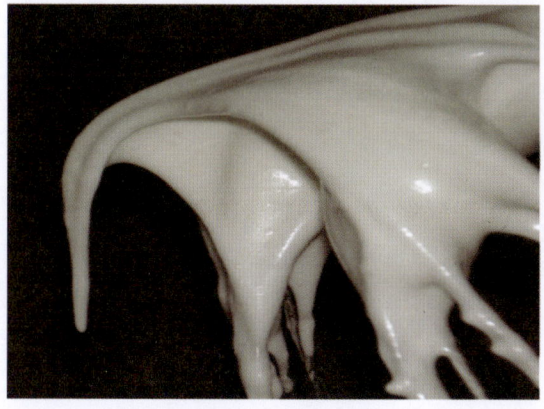

a）太"嫩"

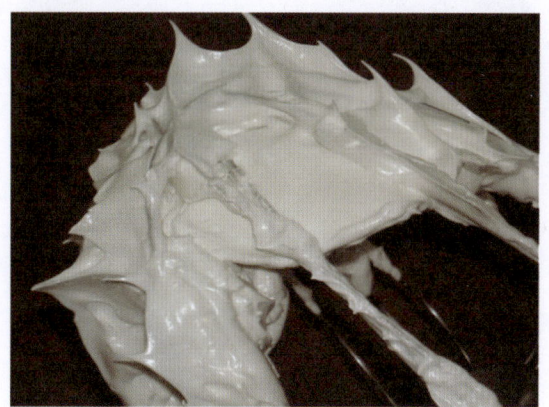

b）太"老"

图 2－4－5　发泡形态

a) 拌匀的面料铺在底坯上

b) 抹平

图 2-4-6 铺表面料

图 2-4-7 烘烤好的椰丝排

a) 切割

b) 装盘

图 2-4-8 切割装盘

 小知识

糕 点 的 含 义

糕点一词的英文 Pastry 来源于"Paste"(面团、面糊),是指面粉、液体和脂肪的混合物。

58

在焙烤店中,则泛指各种面团、面糊以及由它们制成的各类食品。

西式糕点简称西点,是指来源于西方国家的糕点,传统西点主要包括面包、蛋糕和点心三大类。广义上讲,某些冷点(冰激凌)也属于西点的范围。从西点的发展来看,面包历史最为悠久,是西方人的主食,也是销量最大的食品之一。除主食面包外,各种风味的花式小面包也相继问世。蛋糕也是最具代表性的西点之一,海绵蛋糕和油脂蛋糕是两种基本类型。变化而来的还有水果蛋糕、果仁蛋糕、巧克力蛋糕、装饰大蛋糕和花色小蛋糕。西点品种较多,甜酥点心(塔、排)和起酥点心是两类主要的西式点心,此外还有泡芙(哈斗)、饼干和布丁。化学发酵类和蛋白类也属于西点。西点在英文中意思是烘焙食品,所以西点又称为西式烘焙食品。西方人将糖果点心统称甜点,多数西点是甜点,咸味较少,带咸味的主要有咸面包、三明治、汉堡包和咸酥馅饼。西式糕点区别中点最突出的特征是它使用的油脂主要是奶油、乳品和巧克力。西点用料十分考究,不同品种往往要求使用不同的面粉和油脂,以使产品更具特色。西点注重装饰,有多种馅料、装饰料,装饰手段极为丰富,品种变化层出不穷。

评价要素

椰丝排评分表

项目		评 价 要 素	配分	得分
过程评分	1	卫生:操作中台面干净、卫生;结束后操作台整理干净、卫生;地面整理干净、卫生。	5	
	2	搅拌:正确选用揉、拌等搅拌操作手法;揉、拌等搅拌操作手法准确。	5	
	3	操作:无场外带进面坯;准确掌握揉、拌等搅拌工序;准确揉、拌等搅拌时间;准确掌握揉、拌等搅拌程度。	5	
	4	成型:正确选用擀、切割等成型操作手法;擀、切割等成型操作手法准确。	5	
结果评分	5	色泽:棕黄色、色泽均匀、无焦色。	12	
	6	形态:排型、端正、厚薄一致、大小均匀、端正无缺损。	16	
	7	口味:椰丝味道、甜度适中、无粘牙感。	12	
	8	火候:上火无焦点、下火无焦黑、下火色泽均匀。	20	
	9	质感:排底坯酥松、馅料松、馅料软。	20	
合　　计			100	

思考与练习

1. 制作椰丝排的要求是什么?
2. 椰丝排与栗子塔、苹果派在制作过程中有何异同点?

项目三　制作甜品

从广义而言,甜品就是具有甜味的食品。虽然它们中的大部分不像面包、饼干、蛋糕等,不是"烘焙烤品",但在焙烤行业中很受欢迎,特别是在目前的市场情势下,"甜品"广受年轻消费者的喜爱。

甜品的制作技巧,大多数相互关联。众所周知,烘焙和制作甜点的艺术和科学,依赖于一系列连贯的技巧和理论,并将这些理论与技巧应用于各种产品。

甜品的种类繁多,有水果甜点、冷冻甜点、巧克力甜点、焙烤甜点、乳品甜点等。我们在本项目中主要介绍一些由液体型原料制作而成的甜品,如慕斯、乳冻、果冻、布丁、冰激凌、苏夫力、奶昔等。

然而,甜品的制作,就其成功作品而言,甜品的装饰具有举足轻重的作用。近年来,专业厨师比以往呈现出更多的创意来摆放盘中的食物,甜点除摆放于较大且精美的盘中之外,还配有一种或多种其他盘饰食材。

能 力 目 标

- 了解甜品的各式品种
- 知道甜品制作原料的特性
- 掌握制作甜品的基本方法及技巧
- 能制作出几式甜品
- 知道甜品常见的质量问题
- 掌握甜品的质量评分方法

任务一　制作果冻

 任务描述

　　果冻又称结力冻,属不含脂肪和乳质的冷冻食品,是用果汁、结力、水、糖、香精和食用色素等原料加工制成的。果冻是果冻类冷冻甜点,是一种物美价廉的甜点,经常用作各类自助餐甜点,也常用作各类餐会甜点,尤其是在夏天。它以甜酸适度、凉爽可口、细腻光滑、入口即化等特点,深受人们的喜爱。

　　常见的果冻种类有:水果果冻、果汁果冻、椰奶果冻、西米露果冻等。

　　通过学习,我们要学会制作几种果冻制品。

 任务分析

　　果冻这类冷冻甜点,完全是靠结力的凝胶作用制成的。一般情况下,果冻制品要经过调制原料、装入模具,冷藏制品等工序成型。

　　果冻的调整方法一般有两种:一种是使用果冻粉,制作时只需按照产品使用说明、用量配比操作即可,使用方便;另一种是使用结力,这是目前常用且较传统的果冻制作方法。使用结力制作果冻,了解结力的特性,正确使用结力,是成功制作果冻的关键。

　　果冻的成型与果冻的用料配比、模具的使用有着密切的关系,模具选用内周边开口大的,如盘、盆、平锅、杯等即可。

　　果冻的定型主要通过冷却的方法完成,但结力用量、定型温度和时间与定型有关,定型时间取决于结力用量的多少。

 产品名称

 **橙汁冻**

配方

　　原　料:砂糖40克　果粒橙200克　明胶8克(水50克)

　　装饰料:水果(橙子或草莓等)适量

方法与步骤

基本操作步骤描述

调制果冻液→果冻成型→果冻脱模、装饰。

步骤 1　调制果冻液

◆ 果粒橙加砂糖煮沸，至砂糖溶解（如图 3-1-1 所示）。

a）果粒橙

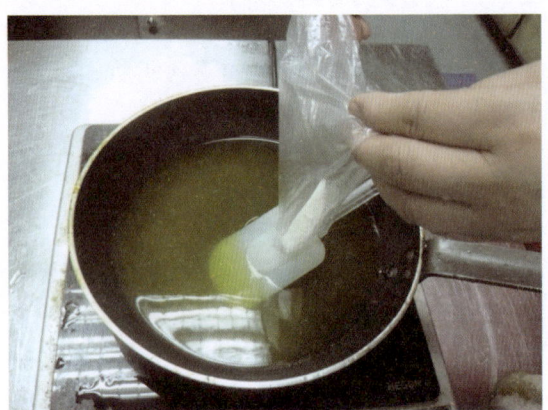
b）加砂糖

c）果粒橙、砂糖煮沸

图 3-1-1　煮制果粒橙和砂糖

◆ 明胶隔水溶化（如图 3-1-2 所示）。

◆ 溶化的明胶与溶解的砂糖、果粒橙水混合搅拌均匀（如图 3-1-3 所示），过滤。

图 3 - 1 - 2 明胶隔水溶化

a) 加入溶化的明胶

b) 搅拌均匀

图 3 - 1 - 3 调制果冻液

☞**注意点** ◇ 砂糖须溶解后加入明胶。

◇ 果冻液须过滤。

步骤 2 成型

◆ 将调制好的果冻液入模、冷藏成型(如图 3 - 1 - 4 所示)。

☞**注意点** ◇ 果冻液倒入模内时,表面如有泡沫,应用消过毒的小勺撇除。

◇ 果冻须冷却后再放入冰箱冷藏。

步骤 3 脱模、装饰

◆ 冷藏定型的果冻进行脱模(如图 3-1-5a 所示),并用水果等进行适当的装饰(如图 3-1-5b 所示)。

a）果冻液入模

b）盛装好的果冻液

c）冷藏定型

图 3-1-4 果冻成型

a）脱模后的橙汁冻

b）用草莓装饰

图 3-1-5 橙汁冻

小知识

果冻的制作原理

　　果冻是由鱼胶(又称全利、结力)、果汁、糖等调制而成,是不含乳脂的冷冻点心,是西式面点中冷冻甜品品种之一,其口感滑爽,适宜夏天食用。

　　鱼胶与琼脂都可用来制作冻品类点心,鱼胶是动物胶,琼脂是植物胶。两者的共同点是在冷水中胀润、热水中溶解。虽然两者都有凝胶的特点,但作为制作冷冻甜点的主要凝固物,制品的效果各有特点,西式甜点制品要求软、滑,因此一般用鱼胶制作,与琼脂的制品相比,软度和弹性方面稍有差异。

　　果冻的凝固只要通过鱼胶片的凝胶作用,加入糖及果汁,加热至一定程度,冷冻后即能呈现出细腻、光滑、略有弹性、入口即化的特性。因其具有用料简单、制作方便的特点,常作为冷餐会、自助餐的甜点供应,深受宾客欢迎。

　　鱼胶有片状和粉状两种,两种鱼胶功效相同,在使用前必须用冷水浸软,鱼胶片在温度高的情况下更要用冰水,以免鱼胶溶化于水中。用量根据品种的质感需求而定。酸性物如柠檬汁、酸性剂等,还有油脂都易破坏鱼胶的凝固性,因此有含酸性或含油的配料、香精时,都要适量增加鱼胶的用量,以免影响凝胶作用,达不到产品的质量要求。

评价要素

橙汁冻评分表

项目		评 价 要 素	配分	得分
过程评分	1	卫生:操作中台面干净、卫生,结束后操作台整理干净、卫生,地面整理干净、卫生。	5	
	2	搅拌:准确使用机械,按顺序投料,掌握搅拌时间,掌握搅拌速度。	5	
	3	熬煮:正确的操作方法,掌握准确的火候,熬煮温度。	5	
	4	成型:准备使用盛器,正确使用冷冻设备,掌握冷冻温度。	5	
结果评分	5	色泽:橙本色、晶莹透明、色泽美观。	12	
	6	形态:装杯或盆美观、透明、装饰美观。	16	
	7	口味:甜酸度适中、滑嫩润爽口、原汁原味。	12	
	8	火候:晶莹透明、无焦点、无凝固物。	20	
	9	质感:滑爽、透明、清澈。	20	
合　　　计			100	

思考与练习

　　1. 什么是果冻? 其有何特点?

　　2. 如何制作果冻?

　　3. 对制作橙汁冻有何要求?

任务二 制作乳冻

 任务描述

专业烘焙师的主要技艺,除了搅拌、烘焙面包、蛋糕及其他糕点外,还包括做其他一些使面点锦上添花的"装饰品",如糕点上的浇顶、馅料及沙司等,它们本身并不构成烘焙制品,但却是烘焙制品或甜点中不可或缺的组成部分。

乳冻不仅可用作做甜点的沙司,还可作为奶油乳胶和冰激凌的基本原料。加入不同调料的香草蛋乳泥可以作派馅、布丁和蛋奶酥。

通过学习,我们应掌握几种基本的乳冻甜品的制作方法,以便为日后工作打下基础。

 任务分析

乳冻是一种液体,用鸡蛋中的蛋白质凝结而变得浓稠。有两种基本的乳冻:一种是搅拌型乳冻,在烹煮过程中不断搅拌,住好后仍然可以流动;另一种是焙烤型乳冻,在烹煮过程中不许搅拌,焙烤后,成品凝结为坚实的固体状。

制作上述两种乳冻,需要共同遵守的原则是:乳冻内部的温度应低于 85 ℃。因为此温度下蛋液开始凝结,超过此温度,蛋液开始结块。过高温度烘焙的乳冻会呈现水汪汪的现象,因为这时水分和蛋白质已经分离。

搅拌型乳冻由牛奶、糖、蛋黄经低温加热,并不断搅拌,煮至浓稠而成。焙烤型乳冻,与蛋乳冻沙司一样,原料有牛奶、糖和鸡蛋(通常使用全蛋)。与沙司不同的是,它在加热时不搅拌,所以质地更密实。它可作为各种派馅,更可作为其他烘焙型布丁的基料。

在学习中,同学们应注意:一个是搅拌时的温度,一个是加热时要不要搅动,这两点是制作乳冻的关键点。

产品名称

 大理石乳冻

配方

　　牛奶乳冻料：牛奶 100 克　砂糖 20 克　明胶 8 克　鲜奶油 100 克
　　牛奶巧克力料：牛奶 100 克　黑巧克力 60 克
　　装饰料：水果适量

方法与步骤

基本操作步骤描述

　　乳冻液调制→乳冻成型→乳冻脱模、装饰。

步骤 1　乳冻液调制

　◆　牛奶乳冻料中的牛奶和糖放入盛器内加热，并不断搅拌，至煮沸后关闭加热源，冷却后过滤（如图 3-2-1 所示）。

a）牛奶、糖加热　　　　　　　　　　b）过滤网

c）过滤

图 3-2-1　牛奶、糖溶化过滤

◆ 将鲜奶油打成软性发泡(如图 3-2-2 所示)。

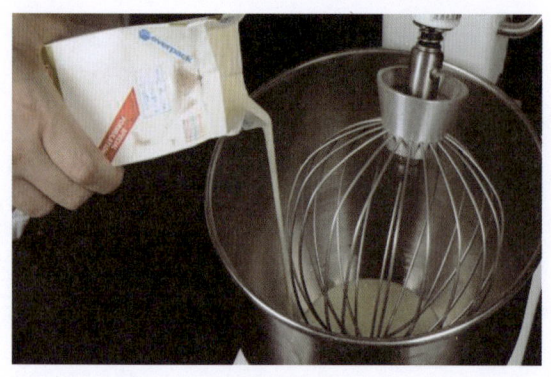

a) 搅打鲜奶油 　　　　　　　　　　　　　　b) 软性发泡

图 3-2-2　鲜奶油打发

◆ 将打好的鲜奶油和已冷却的牛奶等原料均匀搅拌在一起,放入隔水溶化的明胶,搅拌均匀,制作成牛奶乳冻液(如图 3-2-3 所示)。

a) 明胶隔水溶化 　　　　　　　　　　　　　b) 加入明胶

c) 搅拌均匀

图 3-2-3　牛奶乳冻液

☞**注意点**　◇ 鱼胶片用冷水浸泡,在气温高时要用冰水浸泡。
　　　　　　◇ 牛奶乳冻糊须冷却后再和打起的鲜奶油拌和,否则鲜奶油因温度高易脱水、分离。
　　　　　　◇ 掌握牛奶的熬煮时间,时间过长,易引起牛奶的凝散现象,影响质量。
　　　　　　◇ 掌握鲜奶油的搅拌温度和时间。

步骤 2 乳冻成型

◆ 将制作好的牛奶乳冻液入模具(如图 3-2-4 所示)。

a) 倒入模具　　　　　　　　　　　b) 乳冻液入模

图 3-2-4 牛奶乳冻液入模

◆ 将模具中的牛奶乳冻液放入冰箱中冷藏。
◆ 将牛奶巧克力料中的黑巧克力隔水溶化后加入牛奶,制作成黑巧克力色牛奶巧克力液(如图 3-2-5、图 3-2-6 所示)。
◆ 在冰箱中冷藏的牛奶乳冻液略凝固时将其取出。
◆ 加入牛奶、黑巧克力乳冻液,用竹签略搅拌(如图 3-2-7 所示)。

a) 巧克力隔水溶化　　　　　　　　b) 加入牛奶

图 3-2-5 调制黑巧克力

图 3-2-6 拌匀黑巧克力

a) 加入黑巧克力

b) 用竹签略搅拌

c) 大理石乳冻

图 3-2-7　调制大理石乳冻

◆ 将调制、成型好的大理石乳冻液放入冰箱中冷藏。

☞**注意点**　◇ 拌好的乳冻糊立即入模，否则极易凝固。
　　　　　　◇ 用竹签搅拌时只要略微搅拌一下即可。

步骤3　脱模、装饰

◆ 冷藏结束后，将大理石乳冻取出，脱模（如图 3-2-8 所示），并用水果进行装饰。

a) 脱模

b) 脱模好的大理石乳冻

图 3-2-8　大理石乳冻脱模

小知识

乳冻的相关知识

　　乳冻是由乳制品、砂糖、鱼胶等调制而成的冷冻甜点。可以添加水果、干果调制各种不同的口味。乳冻不同于果冻,果冻是清冻,特点是清澈、滑爽;而乳冻中添加了牛奶、鲜奶,除了应有的乳味外还有软、细腻的质感。由于牛奶煮的时间、鲜奶的搅拌都和乳冻的质量有较大的关系,因此乳冻与果冻的制作略有不同。

　　鲜奶的搅拌与搅拌温度和时间有很大关系,4 ℃~5 ℃搅拌最佳,在此温度储存也较合适,但不能达到冰点。搅拌时间也不能过长,达到需要的发泡稠度即可,搅拌过度易产生凝散现象而油水分解。

评价要素

大理石乳冻评分表

项目		评 价 要 素	配分	得分
过程评分	1	卫生:操作中台面干净、卫生;结束后操作台整理干净、卫生;地面整理干净、卫生。	5	
	2	搅拌:准确使用机械,按顺序投料;掌握搅拌时间;掌握搅拌速度。	5	
	3	熬煮:正确的操作方法;掌握准确的火候;熬煮温度。	5	
	4	成型:正确使用盛器;正确使用冷冻设备掌握冷冻温度。	5	
结果评分	5	色泽:黑白分明、色泽均匀、装饰美观。	12	
	6	形态:纹路清晰、大小均匀、脱模完整。	16	
	7	口味:巧克力味、甜度适中、滑爽。	12	
	8	火候:无焦色、无凝固物、色泽均匀。	20	
	9	质感:嫩、滑、软。	20	
合　　计			100	

思考与练习

　　1. 果冻与乳冻有何区别?

　　2. 乳冻调制时有什么要求?

任务三 制作慕斯

 任务描述

慕斯又称充气的凝乳,是将奶油打发后,与其他风味原料混合,加入结力粉、黄油、柠檬汁或巧克力等,经过低温冷却而制成的甜品,具有可塑性,口感膨松如棉。

慕斯的成型方法很多,一般有模具成型法、立体造型工艺法和食品包装法。

慕斯的种类繁多,配料不同、调制方法不同等都可派生出不同品种的慕斯甜点。如巧克力慕斯、香蕉慕斯、椰子慕斯、杏仁奶油慕斯、柠檬慕斯和黑醋栗慕斯等。

通过学习,我们应该学会制作慕斯。

 任务分析

慕斯的调制方法各异,但一般规律是:配方中若有结力片或鱼胶粉,则先将其用水融化,然后根据用料,有蛋黄、蛋清的,将其分别与糖搅打;有果碎的,把果肉打碎并加入打起的蛋黄、蛋清;有巧克力的,将巧克力融化后与其他配料混合。最后将打起的鲜奶与调好后的半成品拌匀即可。

慕斯调制完成后,应进行定型。定型是决定慕斯形状、质量的关键步骤。慕斯的定型为制品的装饰奠定基础。

慕斯的定型一般都在成型后放入冷藏箱内冷藏一定时间,确保制品质量和特点要求。

 产品名称

 **咖啡慕斯**

配方

慕斯料:砂糖 70 克　水 70 克　咖啡 20 克　明胶 11 克(水 60 克)　鲜奶油 250 克
辅　料:做慕斯的底坯蛋糕 3 个
装饰料:水果适量

方法与步骤

基本操作步骤描述

慕斯糊调制→慕斯成型→脱模、装饰。

步骤 1　慕斯糊调制

◆ 糖、水放入盛器内，加入咖啡加热，并不断搅拌，至煮沸（如图 3-3-1 所示）。

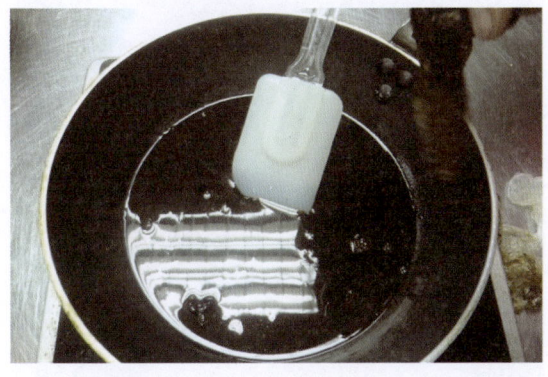

a）糖、水加入咖啡

b）搅拌、煮沸

图 3-3-1　煮制

◆ 加入已隔水融化的明胶，并搅拌均匀（如图 3-3-2 所示）。

a）隔水溶化明胶

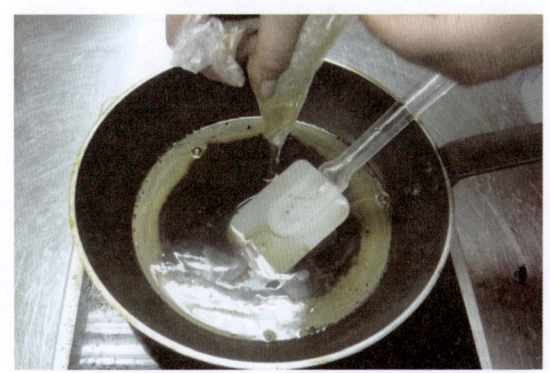

b）加入明胶

图 3-3-2　加明胶

◆ 冷却后过滤（如图 3-3-3 所示）。

◆ 将鲜奶油打起成软性发泡（如图 3-3-4 所示）。

◆ 将打起的鲜奶油与已冷却的糖、水和咖啡的混合液均匀搅拌在一起（如图 3-3-5 所示）。

☞**注意点**　　◇ 明胶须用冷水浸泡，在气温高时要用冰水浸泡。

　　　　　　　◇ 砂糖、水、咖啡混合液一定要过滤，保证产品质量。

a) 过滤网

b) 过滤糖、水、咖啡混合液

图 3 - 3 - 3 过滤

a) 搅打

b) 软性发泡

图 3 - 3 - 4 搅打鲜奶油

◇ 砂糖、水和咖啡混合液一定要在完全冷却后,再加入打发的鲜奶油中,否则会影响成品质量。

◇ 掌握好搅打鲜奶油的温度和时间。

a) 加入咖啡

b) 不断搅拌

c) 搅拌均匀

图 3 - 3 - 5　加入咖啡拌匀

步骤 2　慕斯成型

◆ 将调制好的咖啡慕斯糊倒入一次性裱花袋中,再挤入模具(如图 3 - 3 - 6、图 3 - 3 - 7 所示),表面刮平。

图 3 - 3 - 6　倒入裱花袋

图 3 - 3 - 7　入模

◆ 将模具中的咖啡慕斯放入冰箱中冷藏定型。
◆ 底坯蛋糕的制作与瑞士卷的蛋糕坯制作(见第六章)相同。

☞**注意点**　◇ 将倒入模具的咖啡慕斯表面用抹刀刮平,避免影响咖啡慕斯的美观。

◇ 冷却过程中,应避免剧烈震动;成型好的咖啡慕斯在冰箱内冷藏时间不宜过长,否则会影响慕斯的口感。

◇ 冷藏的时间与模具的大小、冰箱的温度和原料的性质有关。

步骤 3　脱模、装饰

◆ 将冷冻定型后的咖啡慕斯脱模后盛装在餐盘上,加以装饰(如图 3 - 3 - 8 所示)。

☞**注意点**　◇ 定型后的慕斯脱模时,要保持慕斯的完整性。

◇ 装饰用的水果颜色最好与慕斯的色泽互相搭配,选用的餐盘应与慕斯的形状相搭配。

a) 脱模

b) 装饰

c) 咖啡慕斯

图 3 - 3 - 8　脱模、装饰

 小知识

慕斯的用料特点

慕斯是西式面点中冷冻甜点的一种,在冷餐会上常用。因其软滑细腻的特点在食用之后更有回味无穷的感觉,也因其外形简洁美观、食用方便,备受欢迎。

(1) 慕斯的用料特点。淡奶油、蛋、糖、巧克力、咖啡、果汁、酒等加上鱼胶片固有的凝胶特性,使慕斯的口味嫩、软、滑,口味多样。

鱼胶又称明胶、动物胶等,与琼脂(又称洋菜)不同,鱼胶是动物胶,从动物的皮、骨中提炼胶质而成,而琼脂是植物胶,从石花菜中提炼而成。

两者相同之处是都不容易在热水中融化,而可以在冷水中胀润、软化。但鱼胶片经过精制后,能在温水中融化,因此浸泡软化时间不宜太长,尤其气温高时更应用冰水软化。

鱼胶与琼脂在制品中的质感方面略有区别,鱼胶粉或鱼胶片的凝胶物比琼脂胶的凝胶物软而有弹性,琼脂也有弹性但带有脆性,因此一般用鱼胶粉或者鱼胶片制作慕斯。

(2) 慕斯的成型特点。慕斯成型一般都使用模具、盛器,可脱模使用,也可以放在玻璃、瓷等盛器内直接上台。慕斯还可以和清蛋糕坯、饼干、巧克力、面包等混合装饰食用。

慕斯甜点的成型是由于其质感性质决定的,需要冷冻成型,冷冻后的慕斯甜点口感特别,更能显示其嫩、滑、软的特点。

慕斯甜点在装饰方面也有其独到之处,可以用少司装饰、用有立体效果的巧克力、糖片、水果等装饰,极有创意。因此在冷餐会上各种慕斯甜点比较受欢迎。

评价要素

咖啡慕斯评分表

项目		评价要素	配分	得分
过程评分	1	卫生:操作中台面干净、卫生;结束后操作台整理干净、卫生;地面整理干净、卫生。	5	
	2	搅拌:准确使用机械,按顺序投料;掌握搅拌时间;掌握搅拌速度。	5	
	3	熬煮:正确的操作方法;掌握准确的火候;熬煮温度。	5	
	4	成型:准备使用盛器;正确使用冷冻设备,掌握冷冻温度。	5	
结果评分	5	色泽:咖啡色、色泽均匀、表面光洁。	12	
	6	形态:端正无缺损、装饰美观、脱模完整。	16	
	7	口味:咖啡味、甜度适中、滑爽。	12	
	8	成型:无焦色、无凝固物、色泽均匀。	20	
	9	质感:软糯、嫩滑、细腻。	20	
合　　计			100	

思考与练习

1. 如何评价慕斯的质量?
2. 咖啡慕斯如何制作?

项目四 制作泡芙

泡芙是 Puff 的音译,也叫气鼓和哈斗。

泡芙类制品是以液体原料(水和牛奶)、油脂、面粉、鸡蛋等为主原料,经过油脂和水的煮沸、烫熟面粉、加入鸡蛋搅拌、成型、烤制、装饰等工艺过程制成的一类点心。泡芙具有色泽金黄、外表干爽、内部绵软适口的特点。

泡芙的起发原理,主要是由面糊中的各种原料及特别的混合方法决定的。油脂是泡芙面糊中的必需原料,油脂既有油溶性又有柔软性,可增强与面粉的混合性;油脂的起酥性会使泡芙经烘烤后的外表松脆。面粉中的淀粉在一定温度下会产生糊化作用,当水温加热到90 ℃时,水分会大量渗入淀粉内部,当制品烘烤时,水分蒸发,从而使制品体积膨大,所以泡芙面糊中需要足够的水。在泡芙制品体积膨大的过程中,内部会形成中空,气鼓的名称由此而来。

鸡蛋在泡芙面糊中也很重要,鸡蛋中的蛋白质可使面糊具有延伸性,当气体膨胀时能使制品体积膨大。同时,鸡蛋中的蛋白质以及面粉中的蛋白质在受热过程中发生凝固,从而对泡芙膨大后的体积起到固定作用。

泡芙是西点中较普遍的一种,有不同的制作方法,一般以半成品形式,需两次加工。泡芙代表性的种类有酥皮泡芙、炸泡芙等。

能 力 目 标

- 知道泡芙的起发原理
- 会调制泡芙的面糊
- 掌握泡芙成型的基本方法及技巧
- 能制作出几式泡芙类制品
- 知道泡芙常见的质量问题
- 掌握泡芙的质量评分方法

任务一　制作天鹅泡芙

 任务描述

　　天鹅泡芙是泡芙中典型的品种之一,其制作工艺包括:面糊调制、泡芙成型、泡芙成熟和天鹅泡芙的成型与装饰。通过学习,我们应掌握天鹅泡芙的制作方法。制作好的天鹅泡芙应具有外表棕黄色、内淡黄色;天鹅状、饱满逼正、大小均匀、奶香味;外酥脆、内软、无絮状物、鲜奶细腻的特点。

 任务分析

制作鲜奶泡芙的操作要领有以下几项:
　(1)面糊调制:烤盘上刷油适当;面粉要过筛;面团要烫熟、烫透;面糊稀稠适当。
　(2)成型:形状大小一致;制品间距适当。
　(3)烘烤:中途不得打开炉门;正确掌握炉温。
　(4)天鹅泡芙的成型:天鹅状、饱满逼正。

 产品名称

 天鹅泡芙

配方

　面糊料:低筋粉 63 克　精制油 35 克　水 75 克　鸡蛋约 135 克
　馅　料:鲜奶适量

方法与步骤

基本操作步骤描述

　调制面糊→泡芙成型→烘烤→天鹅泡芙成型。

步骤 1 调制面糊

◆ 精制油、水混合,烧开(如图 4 - 1 - 1 所示)。

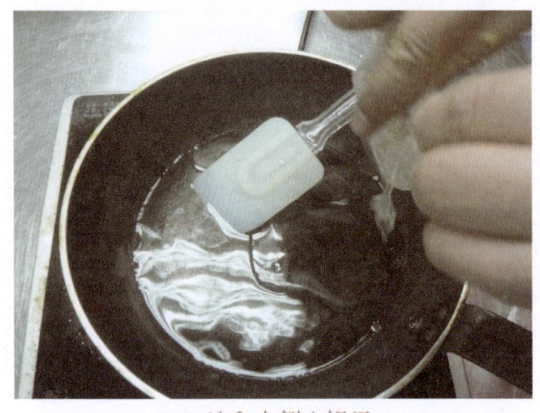 

a) 油和水倒入锅里　　　　　　　　　　　　　b) 油和水煮沸

图 4 - 1 - 1 油和水煮沸

◆ 加入面粉搅拌成熟料,离火,倒在台上翻动冷却(如图 4 - 1 - 2、图 4 - 1 - 3 所示)。

a) 加入面粉　　　　　　　　　　　　　　　b) 不断搅拌

图 4 - 1 - 2 加入面粉并搅拌

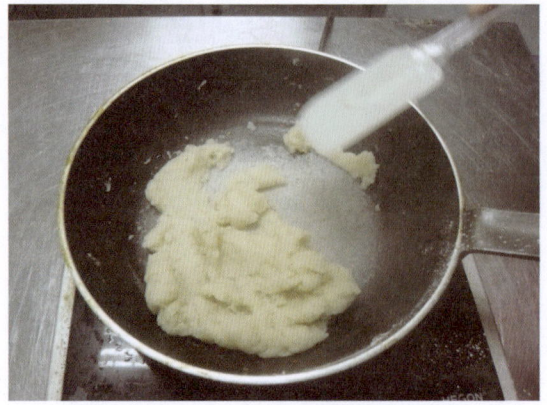

图 4 - 1 - 3 烫熟面粉

◆ 边冷却边搅拌,分次加入鸡蛋,搅拌成面糊状(如图 4-1-4、图 4-1-5 所示)。

a) 冷却烫熟面粉

b) 原料:鸡蛋

c) 分次加入鸡蛋

d) 搅拌均匀

图 4-1-4 分次加入鸡蛋

a) 拌匀

b) 再次加入鸡蛋

c) 再次搅拌

d) 再次拌匀

e) 面糊自然下垂

f) 拌好的面糊

图 4-1-5　拌面糊

☞**注意点**　　◆ 面团要烫熟、烫透，但不要出现糊底的现象。

　　　　　　◆ 每次加入鸡蛋前，面糊必须搅拌均匀后再加入。避免出现面糊凝散的现象，影响制品的起发。

　　　　　　◆ 正确掌握面糊的稠度。面糊太稀，容易导致成品塌陷、底部内凹、外形差等质量问题；面糊太厚，导致成品体积小、底部外凸、放置不稳等质量问题。

步骤2　泡芙成型

　　◆ 搅拌好的面糊 4/5 装入带有齿形裱花嘴的裱花袋中（如图 4-1-6 所示），还有 1/5 装入带有平口（小的）裱花嘴的一次性裱花袋中（如图 4-1-7 所示）。

　　◆ 挤裱成型：4/5 的面糊挤裱天鹅的身体与翅膀部分（如图 4-1-8 所示），1/5 的面糊挤裱天鹅的头颈部分（如图 4-1-9 所示）。

a）面糊一分为二

b）齿形裱花嘴

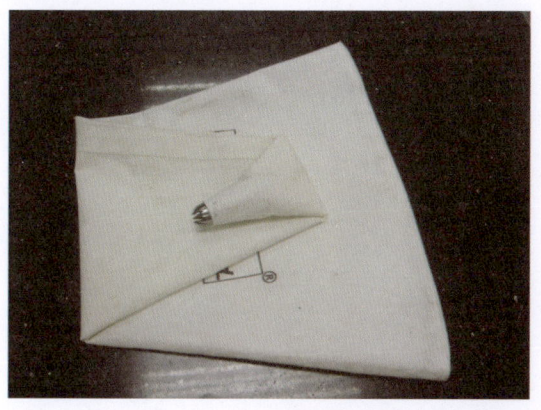

c）带齿形裱花嘴的裱花袋

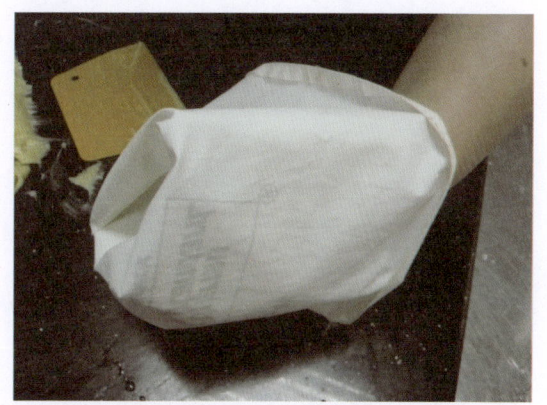

d）准备装入面糊

e）装面糊

图 4 - 1 - 6　4/5 面糊装裱花袋

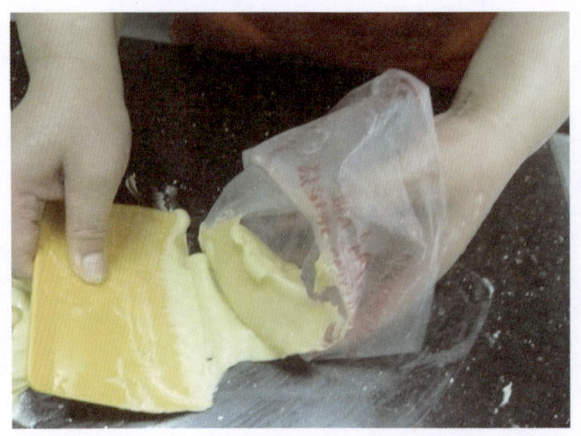

图 4-1-7 1/5 面糊装一次性裱花袋

a) 挤翅膀部分

b) 翅膀部分造型

c) 挤身体部分

d) 身体部分造型

图 4-1-8 天鹅泡芙的身体与翅膀部分造型

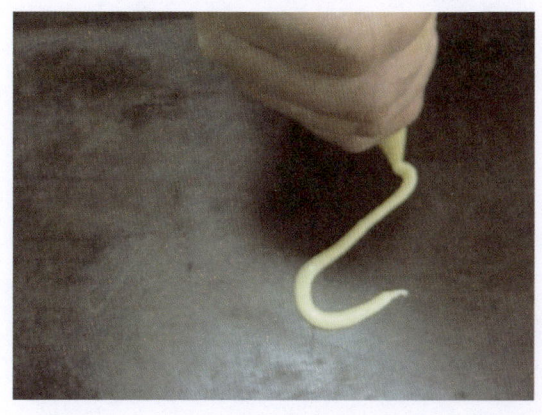

a) 挤头颈部分　　　　　　　　　　　　　　　　b) 头颈部分造型

图 4 - 1 - 9　天鹅泡芙的头颈部分造型

☞**注意点**　◇ 烤盘上刷油过多,烤盘过滑,会造成成型困难;刷油过少,制品成熟后与烤盘
粘连,导致成品脱底,影响制品的完整。可以在刷过油的烤盘上撒一把粉,
防止这些现象的发生。

◇ 烤盘内制品之间要留有一定的距离,以防止烘烤后制品膨胀,粘连在
一起。

◇ 成型的制品须及时烘烤,否则会表面结皮,影响哈斗的膨胀度。

步骤3　烘烤

◆ 天鹅泡芙的身体与翅膀部分烘烤的烤箱温度:上火 180 ℃,下火 190 ℃,时间 20 分
钟(如图 4 - 1 - 10 所示),然后将上下火关 0,再焖烤 10 分钟,出炉冷却。

◆ 天鹅泡芙的头颈部分烘烤的烤箱温度:上火 180 ℃,下火 180 ℃,时间 15 分钟左右
(如图 4 - 1 - 11 所示),出炉冷却。

图 4 - 1 - 10　身体与翅膀部分烘烤　　　　　　　**图 4 - 1 - 11　头颈部分烘烤**

☞**注意点**　◇ 烘烤过程中不要中途打开烤箱或过早出炉,以免蒸汽外溢或膨胀不足,影响
哈斗的膨胀,造成制品塌陷、回缩。

◇ 掌握烤箱的温度和烘烤时间。

步骤4　天鹅泡芙成型

◆ 冷却后用刀具切割泡芙，用鲜奶油填馅，使天鹅泡芙成型、并装饰（如图4－1－12、图4－1－13所示）。

a）烘烤好的身体与翅膀部分

b）烘烤好的头颈部分

c）切割一分为二

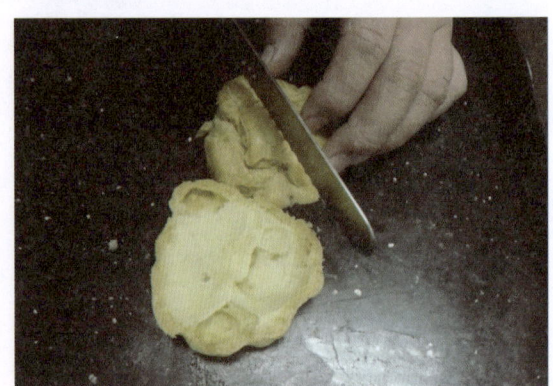

d）上面部分再切割一分为二

图4－1－12　天鹅泡芙的切割造型

a）挤入鲜奶油

b）插上头颈部分

c）装上翅膀

d）配上眼睛

e）天鹅泡芙

图4-1-13 天鹅泡芙填馅成型

 小知识

泡芙（又称哈斗）的制作特点

泡芙是用烫熟面团制成的西点，具有色泽金黄、外脆内软、壳薄中空的特点。

泡芙的这些特点是由油脂、面粉、水与鸡蛋的特性决定的。

1. 油脂

泡芙面糊中加入的油脂使面糊有松发、柔软和润滑的特点。可以用奶油、猪油或植物油。

2. 面粉

面粉中蛋白质和淀粉的变化会引起面粉性质的变化。

（1）蛋白质在水温作用下的变化。当水温达到70 ℃以上时，蛋白质开始热变性，随着水温的逐步升高，面团的延伸性、弹性和亲水性渐渐减弱，黏度略增，泡芙面糊变软、并缺乏筋力。

（2）淀粉的变化。在水温作用下，面团内淀粉的糊化作用对面糊的性质有很大的影响，水分渗入淀粉颗粒内部使其膨胀,颗粒破裂,相互结合,产生了黏性,水温的逐渐升高更增加了面糊的黏度,形成了泡芙成熟的骨架材料。

3. 水

水使泡芙面糊在烘烤过程中产生大量水蒸气,它们充满在起发的面糊内,使制品胀大并形成中空的特点。

4. 鸡蛋

(1) 蛋黄。把鸡蛋加入烫的面团内,充分搅拌,蛋黄的乳化性使泡芙面糊柔软、光滑。

(2) 蛋白质。鸡蛋中的蛋白质使面团具有延伸性,烘烤过程中面糊在气体膨胀的同时增大了体积,而受热后蛋白质的凝固作用还可以固定膨胀的体积,从而使成熟的泡芙有中空的特点。

评价要素

天鹅泡芙评分表

项目		评价要素	配分	得分
过程评分	1	卫生:操作中台面干净、卫生;结束后操作台整理干净、卫生;地面整理干净、卫生。	5	
	2	搅拌:无场外预制的面糊;准确掌握搅拌时间;准确的和面手法,顺序正确。	5	
	3	操作:无场外带入拌好的面糊;掌握工艺要求,正确拌面糊;使用工具正确;烫面工艺准确。	5	
	4	成型:正确的裱挤手法成型;正确的装饰成型方法;按产品要求选用裱、挤等成型方法;正确使用裱、挤等成型。	5	
结果评分	5	色泽:金黄色、色泽均匀、无焦色。	12	
	6	形态:天鹅状、饱满逼正、大小均匀。	16	
	7	口味:奶香味、鲜奶细腻、不粘牙。	12	
	8	火候:上火无焦点、下火无焦黑、下火色泽均匀。	20	
	9	质感:外壳薄、外壳脆、内无絮状物。	20	
合　　计			100	

思考与练习

1. 泡芙有哪些特点?

2. 泡芙起发的原因是什么?

3. 调制泡芙面糊时有什么要求?

任务二　制作酥皮泡芙

 任务描述

酥皮泡芙是泡芙中典型的品种之一,其制作工艺包括:调制酥皮料、调制泡芙面糊、泡芙成型、酥皮料覆盖、酥皮泡芙成熟和泡芙的填馅与装饰。

通过学习,我们应掌握酥皮泡芙的制作方法。制作的酥皮泡芙应具有外表棕黄色、内淡黄色;圆形、底小;表面酥皮呈蘑菇状;大小均匀有奶香味;外酥脆、内软、无絮状物。

 任务分析

酥皮泡芙的制作比天鹅泡芙的制作较为复杂一些,但泡芙面糊的制作方法是一样的,只是多了一个酥皮料的制作。在学会制作天鹅泡芙的基础上,如何制作好酥皮料的覆盖是制作酥皮泡芙的关键。

制作酥皮泡芙的操作要领除与制作天鹅泡芙有些相同的要求外,还应注意以下几点:

(1)面料面团制作完成后,应搓成圆柱形,并放入冷藏箱待用。

(2)面料覆盖在面糊上时要轻,面料面团擀制的大小、厚度要适宜。

(3)馅料一般使用鲜奶油,也可根据不同口味加入咖啡精、巧克力和调味酒等,以使泡芙制品的口味多样化。

 产品名称

 **酥皮泡芙**

配方

酥　皮　料:低筋粉45克　黄油45克　糖粉45克

泡芙面糊:低筋粉63克　鸡蛋135克　精制油35克　水80克

方法与步骤

基本操作步骤描述

调制酥皮→调制泡芙面糊→酥皮成型→烘烤→泡芙的填馅。

步骤1 调制酥皮

◆ 黄油、糖粉拌匀(注意:不要搓发)(如图 4-2-1、图 4-2-2 所示)。

a) 原料:黄油

b) 原料:糖粉

c) 搓黄油

d) 加入糖粉

图 4-2-1 黄油、糖粉

a) 拌匀黄油、糖粉

b) 拌匀的黄油糖粉

图 4-2-2 黄油、糖粉拌匀

◆ 加入面粉成团,搓成 8 厘米左右长的圆柱形面团(如图 4-2-3 所示)。

a）原料：面粉

b）加入面粉

c）折叠法拌匀

d）圆柱形面团

图 4 - 2 - 3　加入面粉成团

◆ 用保鲜膜包好放入冰箱冷藏（如图 4 - 2 - 4 所示）。

a）塑料薄膜包住

b）放入冰箱冷藏

图 4 - 2 - 4　冷藏

☞**注意点**　◇ 糖粉和油一定要拌匀、搓透。

◇ 加入过筛面粉后，用折叠法混合成团，不要用力搓，否则易起筋。

步骤2　调制泡芙面糊

◆ 调制酥皮泡芙面糊同制作天鹅泡芙面糊的方法相同（略）。

步骤3　成型

◆ 将调制好的面糊装入裱花袋(带齿型裱花嘴)(如图 4-2-5 所示)。

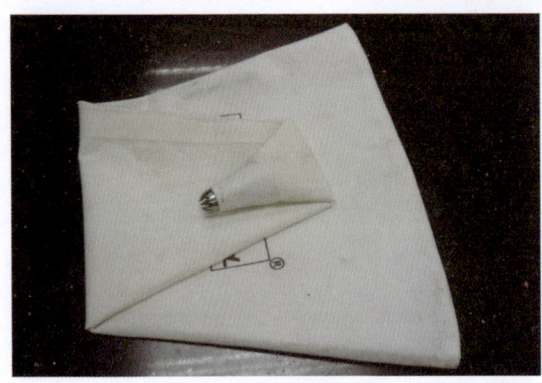

　　a) 带齿型裱花嘴的裱花袋　　　　　　　　　　b) 装入泡芙面糊

图 4-2-5　面糊装入裱花袋

◆ 将冷藏好的酥皮料从冰箱中取出,并切成 1 厘米左右的薄片(如图 4-2-6 所示)。

◆ 将装入裱花袋的泡芙面糊在烤盘上(烤盘可以刷一点油或者撒一些面粉)挤裱 6~8 个球形状的泡芙生坯(如图 4-2-7 所示)。

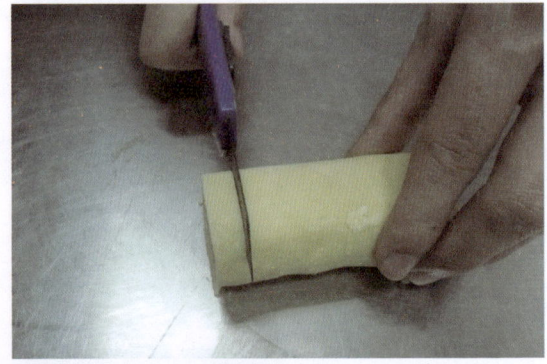

　　a) 冷藏的酥皮料　　　　　　　　　　　　　　b) 切片

c) 切好片的酥皮料

图 4-2-6　酥皮料切片

a) 挤　　　　　　　　　　　　　　　b) 泡芙生坯

图 4-2-7　泡芙生坯成型

◆ 将酥皮料切片放在泡芙上(如图 4-2-8 所示)。

a) 覆盖酥皮料　　　　　　　　　　b) 酥皮泡芙生坯

图 4-2-8　酥皮泡芙生坯成型

☞**注意点**　◇ 正确掌握面糊的稠度。面糊太稀,容易导致成品塌陷、底部内凹、外形差等质量问题;面糊太厚,导致成品体积小、底部外凸、放置不稳等质量问题。

　　　　　　◇ 烤盘上刷油过多,烤盘过滑,会造成成型困难;刷油过少,制品成熟后与烤盘粘连,导致成品脱底,影响制品的完整。可以在刷过油的烤盘上撒一把粉,防止这些现象的发生。

　　　　　　◇ 烤盘内制品之间要留有一定的距离,以防止烘烤后制品膨胀,黏附在一起。

　　　　　　◇ 成型的制品须及时烘烤,否则会表面结皮,影响哈斗的膨胀度。

步骤 4　烘烤

◆ 烘烤:上火 190 ℃,下火 210 ℃,时间大约 16 分钟,然后上、下火关零,再焖烤,时间14 分钟,出炉冷却(如图 4-2-9 所示)。

图 4 - 2 - 9 入烤箱烘烤

☞**注意点** ◈ 注意掌握烘烤的时间、温度,出炉前检查是否成熟。

步骤5 填馅

◆ 将冷却后的泡芙在底部用尖锥器具钻一小孔,填入鲜奶油即可(如图 4 - 2 - 10 所示)。

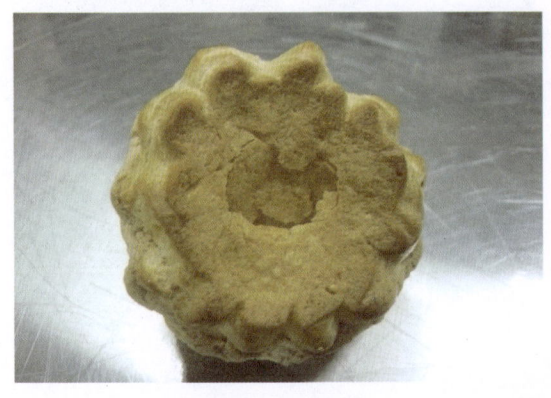

a) 底部打一个小孔

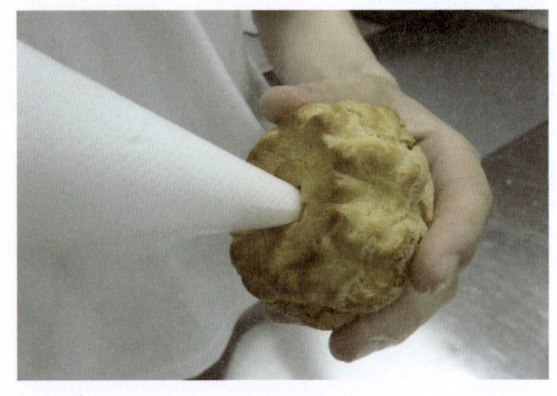

b) 挤入鲜奶油

c) 填好鲜奶油的酥皮泡芙

d) 酥皮泡芙

图 4 - 2 - 10 酥皮泡芙填馅料

小知识

泡 芙 的 成 熟

泡芙的成熟方法一般有两种：一种是烘烤成熟，另一种是油炸成熟。

（1）烘烤。面糊成型后，应立即进行烘烤，上火 220 ℃，下火 200 ℃左右，膨胀、起发、定型后将烤箱的温度降到 200 ℃左右继续进行烘烤，直至表面呈金黄色、内空、成熟、无絮状物，出炉后冷却待用。

（2）油炸。用餐勺取适量的面糊使其成圆球状，放入六七成热的油锅里，慢慢地炸熟，炸成黄褐色出锅，充分将油沥干，表面撒少许糖粉，或在底部开一个小口，挤入少量果酱，也可以将面糊与乳酪碎粒拌匀，炸成黄褐色，将油沥干，食用。

评价要素

酥皮泡芙评分表

项目		评 价 要 素	配分	得分
过程评分	1	卫生：操作中台面干净、卫生；结束后操作台整理干净、卫生；地面整理干净、卫生。	5	
	2	搅拌：无场外预制的面糊；准确掌握搅拌时间；准确的和面手法，顺序正确。	5	
	3	操作：无场外带入拌好的面糊；掌握工艺要求，正确拌面糊；使用工具正确；烫面工艺准确。	5	
	4	成型：正确的裱挤手法成型；正确的装饰成型方法；按产品要求选用裱、挤等成型方法；正确使用裱、挤等成型。	5	
结果评分	5	色泽：棕黄色；色泽均匀；内淡黄色、无异色。	12	
	6	形态：底小、呈蘑菇状；表面酥皮；大小均匀；夹料均匀。	16	
	7	口味：奶香味；甜度适中；外酥脆；内质软。	12	
	8	火候：准确掌握上火；准确掌握下火；无焦黑点。	20	
	9	质感：外壳薄；外脆内软；内无絮状物；鲜奶细腻。	20	
合　　计			100	

思考与练习

1. 如何制作酥皮泡芙的"酥皮"？
2. 酥皮泡芙常见的质量问题有哪些？

项目五　制作清酥类糕点

清酥类点心是将水调面坯、油面坯互为表里,反复擀叠、冷冻制成基础面坯,再经成型、烘烤制成的一类层次清晰、酥松的点心。此类点心有甜咸之分,是现代烘焙房中最令人注目的食品之一,虽然没有任何膨松剂,但烘焙后却能膨胀到原有厚度的 8 倍。

清酥类点心与起酥面包一样都属于擀制面团,但不同的是清酥类点心不含酵母,面团中的水分受热蒸发形成蒸汽,促使面团膨胀。

清酥类点心也是烘焙房中最难制作的产品之一,因为它的层次有 1 000 多层,比丹麦面包层数还多,擀制过程相当费时费力。

同其他产品一样,清酥类点心的种类也相当多,配方和擀制方法都有变化。我们在此学习的是最常用的制作方式。

清酥类点心的面团擀制有两种方法:一种是面包油型,即水调面坯包住油面坯后再反复擀制;另一种是油包面型,即油面坯包住水调面坯后再反复擀制。前者是普遍采用的一种方式,后一种方法做起来较难,但完成后不需醒制,因为它不易收缩。另外清酥类点心所用的油脂,一般有黄油和起酥油两种,黄油口感醇香、入口即溶,是制作清酥类点心的首选,但它的软硬会随温度变化而变化很快,操作起来更显麻烦,而起酥油特性相对稳定,操作容易、简便,但口感差,吃时会黏附在口腔内。

能 力 目 标

- 了解清酥类糕点的分类
- 知道清酥面团的调制,特别是面团的擀制技巧
- 知道清酥类糕点成型的基本方法及技巧
- 能制作出几式清酥类制品
- 知道清酥类糕点常见的质量问题
- 掌握清酥类糕点质量评分方法

任务一 清酥面团基本功训练

 任务描述

　　清酥面团基本功训练是制作清酥类糕点的一个必备的条件,只有在具备了制作清酥面团的基本功以后,才能制作出各种层次清晰、口感酥松的清酥类糕点。制作清酥面团的基本工艺是:调制冷水面团、调制油脂面团、包面、擀制、折叠。

　　通过学习,我们应掌握制作清酥面团的基本方法和技巧,特别是学习并练习擀制清酥面团的基本技能,为以后进一步制作清酥类糕点打下良好的基础。

　　制作好的清酥面团要求面团表面平整,层次清晰、厚薄一致。

 任务分析

　　擀制面团是制作清酥类糕点的关键,为此,我们要了解擀制清酥面团的基本步骤。

　　清酥面团调制的基本步骤是:调制冷水面团、冷水面团松弛、调制油脂面团、包油,然后进行四次擀制与折叠,折叠一般可以三等分折叠,也可以前两次三等分折叠,后两次四等分折叠。

　　制作清酥面团的基本要求:采用高筋面粉;采用熔点较高、含水量少的油脂;包入油脂应与水面团软硬一致,温度高时可以将面团放在冰箱中冷藏,以便于正常操作;擀制面坯时用力均匀;干粉使用量适当,不宜过多。

 产品名称

 **清酥面团**

配方

　　面团料:中筋粉 230 克　酥皮油 160 克　水约 120 克　黄油 15 克　蛋液 15 克

方法与步骤

基本操作步骤描述

　　调制面团→包油→擀制与折叠。

步骤1   调制面团

　　◆ 调制冷水面团：将面粉摊开，加入油脂、鸡蛋液、水，搅拌均匀成团，松弛20分钟左右（如图5-1-1、图5-1-2所示），待用。

a) 面粉摊开

b) 加入油脂

c) 加入鸡蛋液

d) 加入水

图5-1-1   调制冷水面团的准备

a) 拌匀

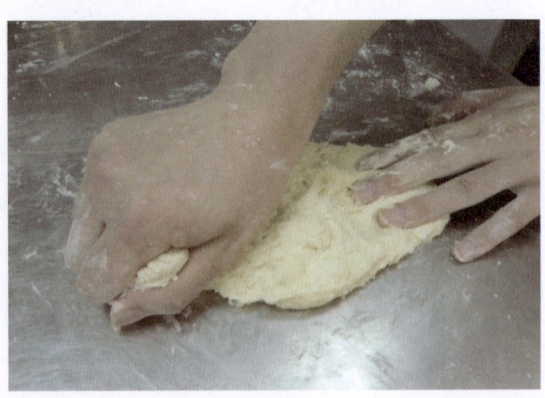

b) 搓面团

c) 揉面团

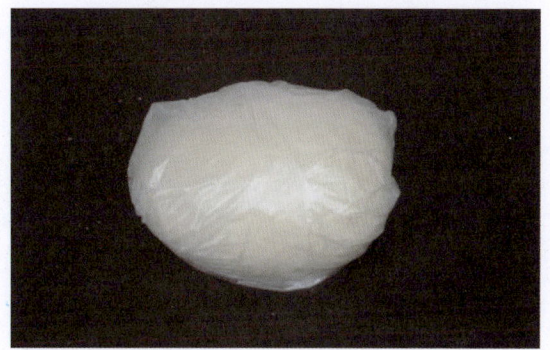

d) 松弛

图 5-1-2　调制冷水面团

◆ 调制油脂面团：将酥皮油或油脂整形（如图 5-1-3 所示），待用。

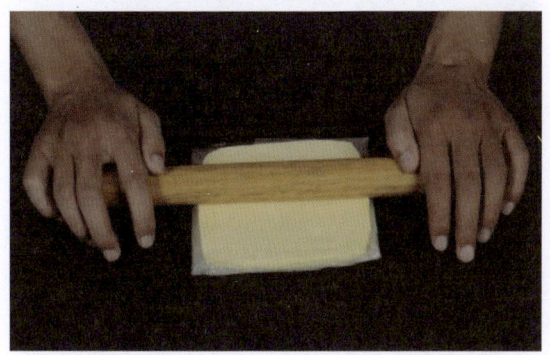

a) 擀制

b) 整型好的油脂面团

图 5-1-3　油脂面团整型

☞**注意点**　◎ 冷水面团必须掌握松弛时间，松弛时间过短，制品会变形收缩；时间过长，面筋松懈，影响膨胀。

步骤 2　包油

◆ 将撒手粉撒在操作台面上（如图 5-1-4 所示）。

◆ 将已松弛的冷水面团放在操作台面上（如图 5-1-5 所示）。

图 5-1-4　撒上撒手粉

图 5-1-5　松弛好的冷水面团

◆ 用擀面棍将冷水面团擀成长方形面坯,大小为油脂面团的 2 倍(如图 5-1-6 所示)。

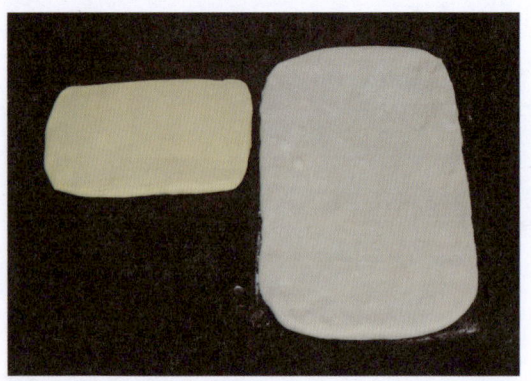

a) 擀制　　　　　　　　　　　b) 冷水面团与油脂面团

图 5-1-6　擀制冷水面团

◆ 将油脂面团放在冷水面团的中间,进行包油(如图 5-1-7 所示)。

a) 油脂面团放在冷水面团中间　　　　b) 一边折起

c) 接缝处捏紧

图 5-1-7　包油

☞**注意点**　◎ 酥皮油与面团的软硬度一致,避免因软硬度不一致而出现油脂分布不均匀或跑油现象。

步骤3　擀制与折叠

◆ 第一次擀制面团：包油好的清酥面团用擀面棍均匀用力压一压，使面团和油脂分布均匀，两手均匀用力用擀面棍从中间往两边方向擀制面团宽度，把面坯转角 90 度，两手均匀用力用擀面棍从中间往两边方向擀制面团长度（长度 30～40 厘米）（如图 5-1-8 所示）。

a) 压一压

b) 擀制面团宽度

c) 转角 90 度

d) 擀制面团长度

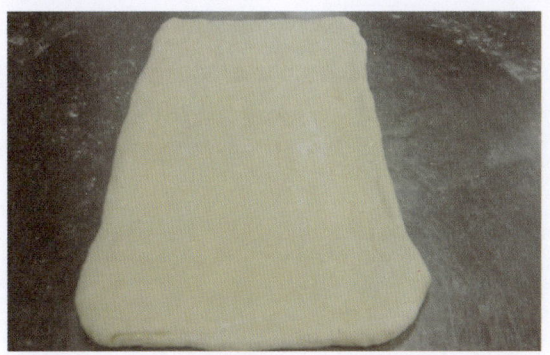

e) 擀制好长度的面团

图 5-1-8　第一次擀制面团

◆ 第一次折叠面团：将第一次擀制好的面团进行第一次三等分折叠（如图 5-1-9 所示）。

a）一边折起

b）另一边再折起

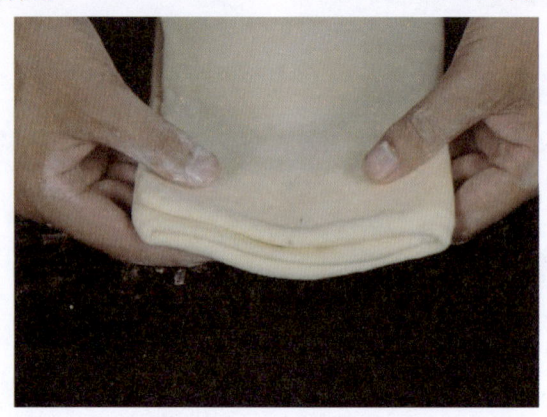

c）第一次三等分折叠好的面团

图 5－1－9　第一次三等分折叠

◆ 第二次擀制面团：将第一次三等分折叠好的清酥面坯团用擀面棍均匀用力压一压，两手均匀用力用擀面棍从中间往两边方向擀制宽度（宽度约 15～20 厘米），把面团转角 90 度，两手均匀用力用擀面棍从中间往两边方向擀制长度（长度约 30～40 厘米）（如图 5－1－10、图 5－1－11 所示）。

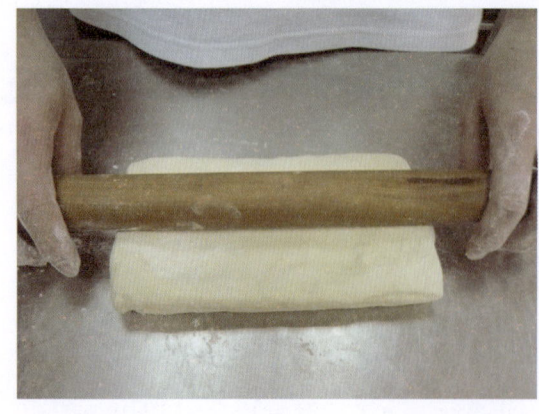

a）擀制宽度

b）转 90 度角

图 5－1－10　第二次擀制面团宽度

a) 擀制长度　　　　　　　　　　b) 第二次擀制好的面团

图 5-1-11　第二次擀制面团长度

◆ 第二次三等分折叠：将第二次擀制好的面团进行第二次三等分折叠（如图 5-1-12 所示）。

a) 一边折起　　　　　　　　　　b) 另一边再折起

图 5-1-12　第二次三等分折叠

◆ 第一次松弛：将第二次折叠好的面团用油纸包裹好,松弛 20 分钟左右（如图 5-1-13 所示）。

图 5-1-13　松弛

◆ 第三次擀制面团：将松弛好的面团进行第三次擀制，擀制方法与第二次相同(略)。
◆ 第三次折叠面团：将第三次擀制好的面团进行第三次三等分折叠，方法与第二次三等分折叠相同(略)。
◆ 第四次擀制面团：将第三次三等分折叠好的面团进行第四次擀制，擀制方法与第三次擀制方法相同(略)。
◆ 第四次折叠面团：将第四次擀制好的面团进行第四次折叠，折叠方法与第三次相同(略)，也可以四等分折叠。
◆ 第二次松弛：将第四次折叠好的面团用油纸包裹好，松弛20分钟左右。
◆ 松弛好的面团通过成型、烘烤，可以用来制作层次清晰、口感酥松的各种清酥类糕点。

☞**注意点**　◇ 擀制面坯时，应用力均匀，不要过猛，避免油脂外溢及影响制品膨胀的效果。
　　　　　　◇ 折叠次数不宜过多或过少。折叠过多，面坯成熟后酥而不松；折叠过少，面坯成熟时油脂易外溢，影响质量。

 小知识

奶酪蛋糕的由来

　　奶酪蛋糕，顾名思义就是加有奶酪的蛋糕。而奶酪蛋糕中所使用的奶酪则起源自阿拉伯。很久以前，一个阿拉伯人在独自横穿沙漠前，曾将新鲜牛奶倒进一个羊胃制成的皮囊里。但是当他到达目的地打开皮囊后，却发现里边的牛奶竟变成了一块固体状物体(即凝乳)和一汪液状的乳浆。阿拉伯人随即便把这项新发现告诉了他的朋友。结果人们发现，本身极易腐败的鲜奶在制成奶酪后不但可以保存很久，牛奶中所含的营养也丝毫未损。之后，欧洲的一位糕点师傅在制作蛋糕时误将酵母菌放入鲜奶中，他没有察觉不妥，仍将这批蛋糕上架出售。结果人们在食用后发现这种蛋糕的味道居然奇好无比。而当时那些放有酵母的蛋糕便是今天已经很常见的奶酪蛋糕了。迄今，最好的奶酪蛋糕出自意大利。

图 5-1-14　奶酪蛋糕

评价要素

清酥面团评分表

项目		评 价 要 素	配分	得分
过程评分	1	卫生：操作中台面干净、卫生；结束后操作台整理干净、卫生；地面整理干净、卫生。	15	
	2	搅拌：无场外带入预制的面坯；准确的和面手法；顺序正确。	15	
	3	操作：无场外带入拌好的面糊；掌握工艺要求，正确拌面糊；使用工具正确。	15	
	4	成型：正确选用搓、擀、折叠等成型操作手法；搓、擀、折叠等成型操作手法准确。	15	
结果评分	5	色泽：面粉色、表面平整。	20	
	6	形态：切口层次清晰、厚薄均匀。	20	
合　　　计			100	

思考与练习

1. 什么是清酥？
2. 清酥面团制作过程中的"擀制与折叠"有何要求？

任务二 制作酥盒

 任务描述

酥盒是清酥类糕点中比较典型的一类产品。制作酥盒的基本工艺是：面坯调制、成型、烘烤和装饰。

通过学习，我们应掌握制作酥盒的基本方法和技巧，特别是学习并练习擀制面团的技能，为以后进一步制作清酥类食品打下良好的基础。

同学们应注意：制作酥盒要求表面呈金黄色，层次清晰、大小均匀，起发好，口感酥松、油而不腻。

 任务分析

擀制面团是制作酥盒的关键，为此，我们要了解清酥类制品的面团特性，特别是它的起酥原理。

起酥面团形成层次的原因有以下两点：

（1）由湿面筋的特性所致。起酥面团大都选用含有面筋质较高的面粉，使面团具有较好的吸水性、延伸性和弹性，形成的面筋网络有像气球一样被充气的特性，可以保存在烘烤中产生的水蒸气，从而使面坯产生膨胀力而使制品膨大。

（2）起酥面团的结构使制品烤制后产生层次。所谓结构是指起酥面坯在制作时，水面团和油脂互为表里，有规律地相互隔绝，当制品被加热时，形成的水蒸气使各层开始膨胀，并逐层胀大。

起酥面团调制的基本步骤是：调制冷水面团、静置、调制油脂面团、包面、擀制与折叠。基本要领是：采用高筋面粉；采用熔点较高、含水量少的油脂；包入油脂应与水面团软硬一致；擀制面团时用力均匀；干粉使用量适当，不宜过多。

产品名称

 ### 新鲜水果酥盒

配方

面团料：中筋粉 300 克　黄油 20 克　蛋液 20 克　酥皮油 240 克　水约 160 克
馅　料：吉士粉 15 克　牛奶 120 克　砂糖 22 克　蛋黄 2 个
装饰料：新鲜水果适量

方法与步骤

基本操作步骤描述

调制面团→包油→擀制与折叠→成型→烘烤→馅料调制→装饰。

步骤1　调制面团

◆ 制作新鲜水果酥盒的清酥面团调制方法与清酥面团基本功训练中调制清酥面团的方法一致（略）。

步骤2　包油

◆ 制作新鲜水果酥盒的包油方法与清酥面团基本功训练中包油的方法一致（略）。

步骤3　擀制与折叠

◆ 制作新鲜水果酥盒的清酥面团擀制与折叠方法与清酥面团基本功训练中清酥面团的擀制与折叠方法一致（略）。

步骤4　成型

◆ 用擀面棍擀制面坯成正方形，尺寸为 36 厘米×36 厘米左右，用大的圆形扣压模切割成圆形的面坯（如图 5-2-1、图 5-2-2 所示）。

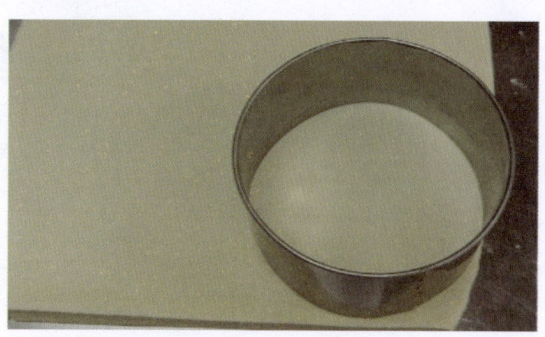

a）圆形扣压模　　　　　　　　　　b）切割清酥面团

图 5-2-1　圆形扣压模切割清酥面团

图 5－2－2　圆形扣压模切割好的清酥面团

◆ 将圆形的面坯分成两个一组,用小的圆形扣压模切割其中的一组(如图 5 - 2 - 3 所示)。

a) 两个一组

b) 切割清酥面团

c) 成圆环的清酥面团

图 5－2－3　圆形扣压模切割清酥面团成圆环

◆ 在另外一组圆形面坯表面用刷子刷蛋液,将圆环状的面坯覆盖在圆形面坯的上面,放入烤盘,在圆环状的面坯表面用刷子刷蛋液,制作成酥盒的生坯(如图 5 - 2 - 4 所示)。

a) 圆形面坯表面刷鸡蛋液

b) 覆盖圆环面坯

c) 酥盒生坯成型

d) 圆环表面再刷鸡蛋液

图 5 - 2 - 4　刷鸡蛋液、酥盒成型

☞**注意点**　◈ 应使用切口锋利的圆形扣压模来切割清酥面坯。

◈ 切割面坯时动作要迅速、利落,切割的面坯应整齐、平滑、间隔分明,避免破坏面团的层次结构。

◈ 面坯不宜太薄,大小一致。

步骤5　烘烤

◆ 将成型好的酥盒生坯放入烤箱进行烘烤(如图 5 - 2 - 5 所示),烘烤温度:上火 200 ℃、下火 190 ℃,烘烤 20 分钟后,上火、下火都关零,再焖烤 10 分钟,烤至金黄色,出炉。

a）酥盒生坯进烤箱烘烤

b）烘烤进行中

图 5 - 2 - 5   烘烤

☞**注意点**　◈ 注意掌握烘烤的时间、温度，出炉前检查是否成熟。

　　　　　　◈ 成型后的面坯，须松弛后再进行烘烤，避免制品收缩。

　　　　　　◈ 清酥类糕点在烘烤过程中，不要随意打开炉门，影响制品的膨胀。

步骤6　调制馅料

◆ 煮开牛奶，将细砂糖、吉士粉、蛋黄等原料混合均匀后，倒入牛奶中搅匀，冷却待用。

步骤7　装饰

◆ 出炉冷却后的酥盒用调制好的馅料、新鲜水果进行装饰（如图 5 - 2 - 6 所示）。

图 5 - 2 - 6   新鲜水果酥盒

 小知识

婚礼蛋糕的由来

　　多层的结婚蛋糕代表着繁荣昌盛，最早出现在盎格鲁撒克森时代，客人们在参加婚礼时要买一些小型的蛋糕，并把它们堆成高高的一堆，以便让新婚夫妇能够隔着蛋糕来接吻。从此婚礼上的多层蛋糕便成了风俗流传下来。在欧洲人的传统中，结婚蛋糕通常是白色的，以此代表纯洁。白色糖衣显示着用料上乘,包含有精细的食用糖。蛋糕越白,代表家庭越富裕。而在其他国家的文化中,结婚蛋糕却常常是色泽鲜艳的。

在与结婚蛋糕有关的传统中,切蛋糕也许是最广为人知的。第一块蛋糕是由新娘在新郎象征性的帮助下切下来的。这代表着新婚夫妇共同完成的第一件事。新郎与新娘将第一块蛋糕拿给对方品尝,象征着双方给予对方的承诺以及未来需要大家共同承担的责任。所以,请新人互相喂食一口蛋糕,我们称为共尝爱情的甜蜜,祝福他们同甘共苦!

图 5-2-7 婚礼蛋糕

评价要素

新鲜水果酥盒评分表

项目		评价要素	配分	得分
过程评分	1	卫生:操作中台面干净、卫生;结束后操作台整理干净、卫生;地面整理干净、卫生。	5	
	2	搅拌:无场外带入预制的面坯;准确的和面手法;顺序正确。	5	
	3	操作:无场外带入拌好的面糊;掌握工艺要求正确拌面糊;使用工具正确。	5	
	4	成型:正确选用搓、擀、折叠等成型操作手法;搓、擀、折叠等成型操作手法准确。	5	
结果评分	5	色泽:金黄色、色泽均匀、无焦色。	12	
	6	形态:圆形端正、大小厚薄均匀、层次清晰。	16	
	7	口味:奶香水果味、甜度适中、不粘牙。	12	
	8	火候:上火无焦点、下火无焦黑、下火色泽均匀。	20	
	9	质感:疏松、无粘连、脆。	20	
合　　计			100	

思考与练习

1. 新鲜水果酥盒的馅料如何调制?
2. 在制作新鲜水果酥盒过程中对"成型"有何要求?

任务三 制 作 酥 卷

 任务描述

　　酥卷也是清酥类糕点中较有代表性的一类产品。通过奶油角内的制作,我们可以融会贯通、举一反三,延伸制作出其他产品,如热狗酥卷等产品。

　　制作好的奶油角内要求其表面金黄色,层次清晰、大小均匀,起发好、口感酥松,甜度适中,奶油香味浓郁。

 任务分析

　　1. 奶油角内的清酥面团制作

　　奶油角内的清酥面团制作与清酥面团基本功训练中面团制作一样,其要求也一致。

　　2. 面团修整和烘烤指南

　　(1)擀和切之前,面团应又凉又实。太软时切,易使面团各层黏连。

　　(2)切刀应锋利、竖直,用力均匀。手指不要触摸切口。为使膨胀效果好,可把切割好的面片倒置,便于膨起,因为切割时总会使上面几层压在一起。

　　(3)刷蛋液时应避免蛋液流到面坯边缘。

　　(4)烘烤之前,把修整好的面坯放入冰箱醒制 30 分钟,松弛面筋,减少收缩。

 产品名称

 **奶油角内**

配方

　　面团:中筋粉 200 克　酥皮油 150 克　蛋液 15 克　黄油 15 克　水 110 克

　　馅料:鲜奶油适量

方法与步骤

基本操作步骤描述

　　调制面团→包油→擀叠→成型→烘烤→馅料制作→填馅。

步骤 1　调制面团

◆ 制作奶油角内的清酥面团调制方法与清酥面团基本功训练中调制清酥面团的方法一致（略）。

步骤 2　包油

◆ 制作奶油角内的包油方法与清酥面团基本功训练中包油的方法一致（略）。

步骤 3　擀制与折叠

◆ 制作奶油角内的清酥面团擀制与折叠方法与清酥面团基本功训练中清酥面团的擀制与折叠方法一致（略）。

步骤 4　成型

◆ 用擀面棍擀制面坯成长方形（尺寸为 20 厘米×40 厘米左右）（如图 5-3-1 所示）。

图 5-3-1　长方形清酥面团

◆ 用美工刀、直尺将面团切割成 2.5 厘米×40 厘米的长条 6 条（如图 5-3-2 所示）。

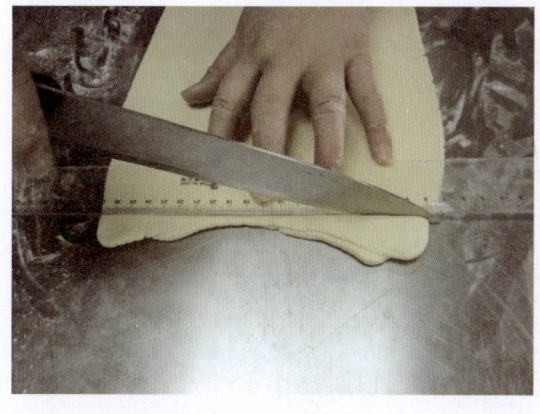

a）切边

b）切条

c）切割好的条形面坯

图 5-3-2　切割面团

◆ 将切好的条形面坯两边稍微擀薄一些，包住螺管的小头，并沿螺管的外壁向大头方向卷起，制作成角内（如图 5-3-3、图 5-3-4 所示）。

a）螺管

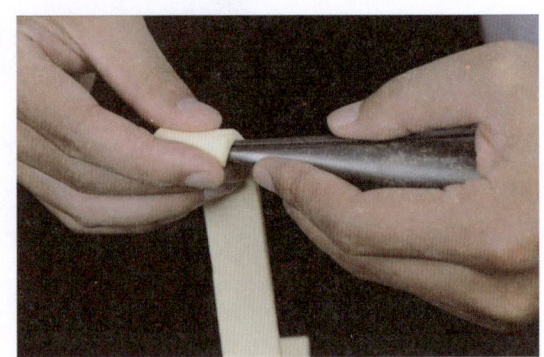

b）卷

图 5-3-3　卷角内

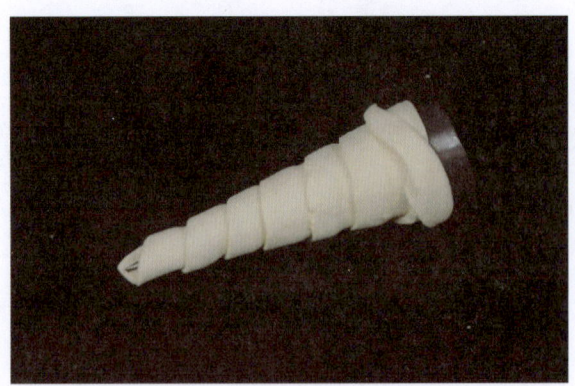

图 5-3-4　卷好的角内

◆ 将成型好的清酥面坯表面刷蛋液,制作成角内的生坯,并整齐地放在烤盘中(如图5-3-5所示)。

a) 刷鸡蛋液

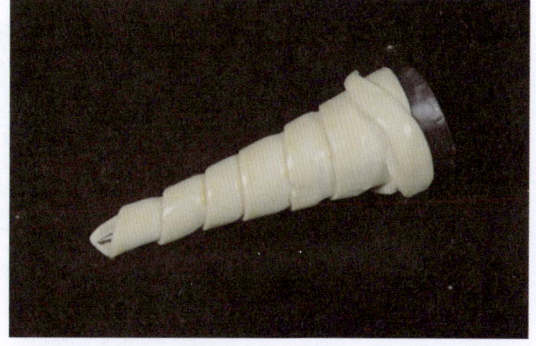
b) 角内生坯

图5-3-5 角内表面刷鸡蛋液

☞**注意点**
◇ 切割面坯时,应使用较为锋利的刀具或模具,避免破坏面团的层次。
◇ 室温较高时,成型的动作要迅速、利落。否则,面团变软,操作困难;而且容易造成油脂外溢,增加操作难度并影响成品质量。
◇ 制品进行烘烤前刷蛋液时,应避免将蛋液滴流在其边缘,避免产生黏液封住切口,影响成品层次的清晰度。
◇ 成型后的面坯,须松弛后再进行烘烤,避免制品收缩。

步骤5 烘烤

◆ 将成型好的角内生坯放入烤盘内进烤箱烘烤,烘烤温度:上火200℃、下火190℃,16分钟后上火、下火都关零,再焖烤14分钟左右,出炉(如图5-3-6所示)。

图5-3-6 烘烤

☞**注意点**
◇ 注意掌握烘烤的时间、温度。
◇ 烘烤过程中,不要随意打开烤箱,以免热气散失,影响制品膨胀。

步骤6　馅料制作

◆ 鲜奶油打至软性发泡(如图5-3-7所示),装入一次性裱花袋中,待用。

图5-3-7　软性发泡

步骤7　冷却、填馅

◆ 烘烤后的角内须冷却,并取出螺管,然后用鲜奶油填馅(如图5-3-8所示)。

 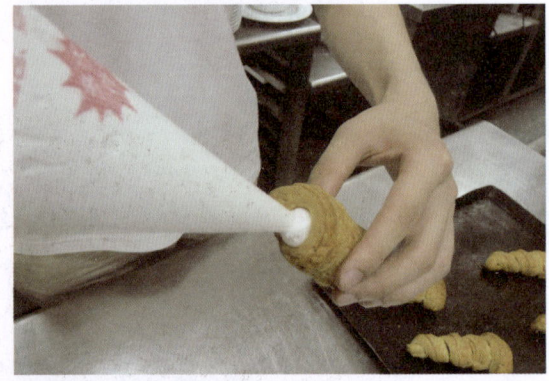

a) 取出螺管　　　　　　　　　　　　b) 挤入鲜奶油

c) 奶油角内

图5-3-8　填馅

评价要素

奶油角内评分表

项目		评 价 要 素	配分	得分
过程评分	1	卫生：操作中台面干净、卫生；结束后操作台整理干净、卫生；地面整理干净、卫生。	5	
	2	搅拌：无场外带入预制的面坯；准确的和面手法；顺序正确。	5	
	3	操作：无场外带入拌好的面糊；掌握工艺要求正确拌面糊；使用工具正确。	5	
	4	成型：正确选用搓、擀、折叠等成型操作手法；搓、擀、折叠等成型操作手法准确。	5	
结果评分	5	色泽：金黄色、色泽均匀、无焦色。	12	
	6	形态：羊角形、大小均匀、卷纹层次清晰。	16	
	7	口味：奶油香味、甜度适中、不粘牙。	12	
	8	火候：上火无焦点、下火无焦黑、下火色泽均匀。	20	
	9	质感：疏松，奶油细腻、脆。	20	
合　　　计			100	

思考与练习

1. 制作奶油角内的过程中,在"擀制与折叠"时应注意些什么问题?
2. 奶油角内与新鲜水果酥盒在制作工艺上有什么区别?

任务四 制作酥排

 任务描述

酥排也是清酥类糕点中的一类典型产品。制作酥排的基本工艺是：调制清酥面团、成型、烘烤和切块、装盆。

通过学习,我们应掌握制作酥排的基本方法和技巧,特别是学习并巩固练习擀制清酥面团的基本技能,为进一步制作清酥类食品打下更好的基础。

制作好的酥排要求表面呈金黄色,层次清晰、排形端正,起发好,口感酥松、油而不腻。

 任务分析

擀制面团也是制作酥排的关键,为此,我们要了解清酥类制品的面团特性,特别是它的起酥原理。起酥面团形成层次的原因有以下两点:

(1)由湿面筋的特性所致。起酥面团大都选用含有面筋质较高的面粉,使面团具有较好的吸水性、延伸性和弹性,形成的面筋网络有像气球一样被充气的特性,可以保存在烘烤中产生的水蒸气,从而使面坯产生膨胀力而使制品膨大。

(2)起酥面团的结构造成制品烤制后产生层次。所谓结构是指起酥面坯在制作时,水面团和油脂互为表里,有规律地相互隔绝,当制品被加热时,形成的水蒸气使各层开始膨胀,并逐层胀大。

起酥面团调制的基本步骤是:调制水面团、静置、调制油脂面团、包油、擀叠。基本要领是:采用高筋面粉;采用熔点较高、含水量少的油脂;包入油脂应与水面团软硬一致;擀制面坯时用力均匀;干粉使用量适当,不宜过多。

 产品名称

苹果酥排

配方

面团料:中筋粉 230 克　黄油 15 克　水约 120 克　蛋液 15 克　酥皮油 160 克
表面料:肉桂粉 10 克　砂糖 20 克　苹果适量

方法与步骤

基本操作步骤描述

调制面团→包油→擀制与折叠→馅料制作→成型→烘烤→切块。

步骤 1　调制面团

◆ 制作苹果酥排的清酥面团调制方法与清酥面团基本功训练中调制清酥面团的方法一致(略)。

步骤 2　包油

◆ 制作苹果酥排的包油方法与清酥面团基本功训练中包油的方法一致(略)。

步骤 3　擀制与折叠

◆ 制作苹果酥排的清酥面团擀制与折叠方法与清酥面团基本功训练中清酥面团的擀制与折叠方法一致(略)。

步骤 4　馅料制作

◆ 将苹果洗净,切片,待用(如图 5-4-1、图 5-4-2 所示)。肉桂粉、砂糖拌匀,待用。

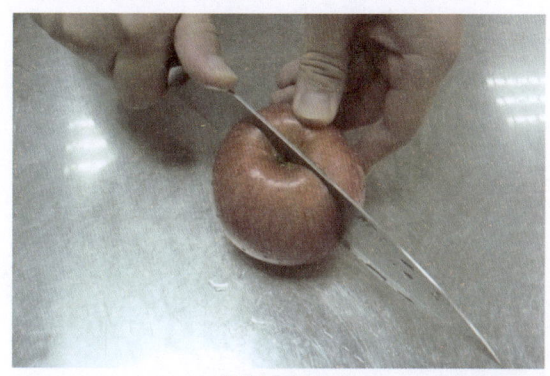
a) 苹果一切为二

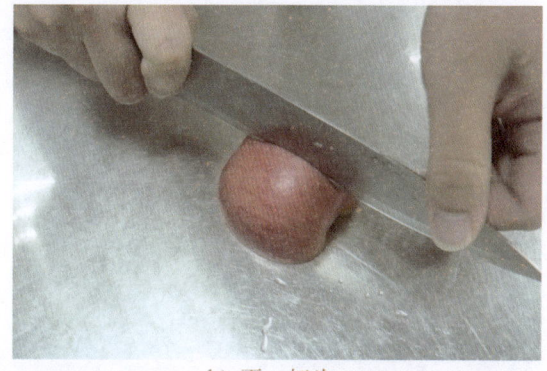
b) 再一切为二

图 5-4-1　苹果切块

a) 去籽核

b) 切片

图 5-4-2　苹果切片

☞注意点　◎ 苹果切片时,苹果片的厚度要一致。

步骤 5　成型

◆ 用擀面棍擀制面坯成长方形(尺寸为 14 厘米×40 厘米左右)(如图 5－4－3 所示)。

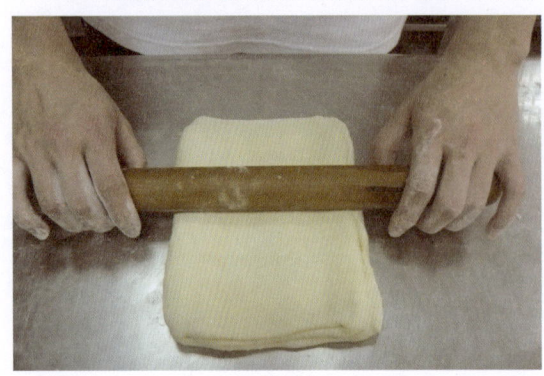

a) 擀制

b) 擀制好的面团

图 5－4－3　擀制面团

◆ 将擀制好的清酥面团切成 2 厘米×40 厘米两条,10 厘米×40 厘米一条,并放入烤盘内,在宽的(10 厘米×40 厘米)一条两边刷蛋液,并将两条小的(2 厘米×40 厘米)覆盖在宽的两边(如图 5－4－4 所示)。

◆ 将苹果片整齐地排放在清酥面团中间,制作成苹果酥排的生坯(如图 5－4－5 所示)。

◆ 在苹果片表面撒上肉桂粉和砂糖,并在两边刷鸡蛋液(如图 5－4－6 所示)。

a) 切割面团

b) 切割好的面团

c) 刷鸡蛋液

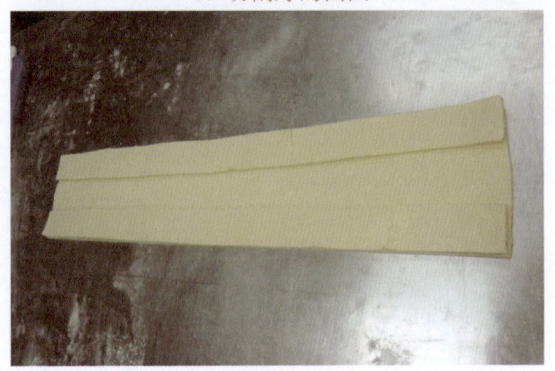

d) 小的清酥面团条覆盖在大的清酥面团条上

图 5－4－4　切割面团

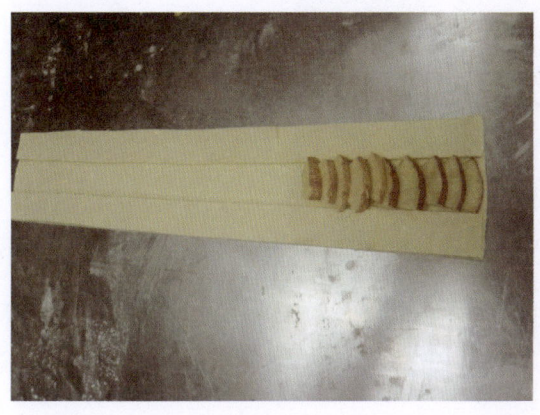
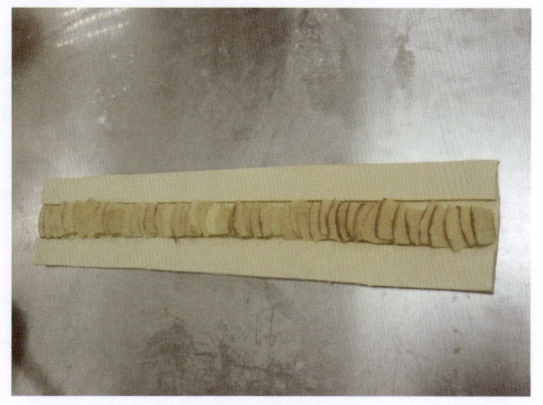

a) 放入苹果片　　　　　　　　　　　　　　b) 铺好苹果片的生坯

图 5-4-5　铺苹果片

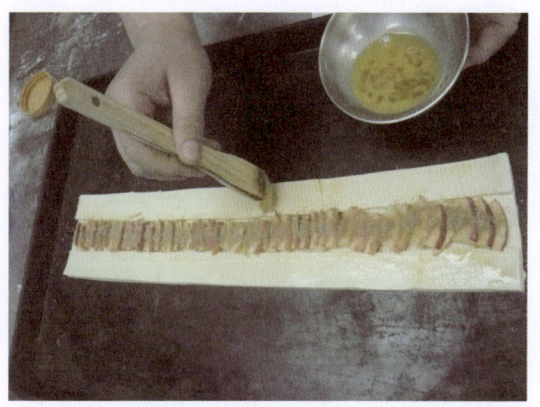

a) 放入肉桂粉和砂糖　　　　　　　　　　　b) 两边刷鸡蛋液

图 5-4-6　苹果排生坯

☞**注意点**　◈ 面坯不宜太薄,面坯的厚度要平整。

　　　　　◈ 苹果片要铺得整齐、美观。

　　　　　◈ 不要忘记铺好苹果片后,两边刷鸡蛋液。

步骤6　烘烤

◆ 将成型后的苹果酥排放入烤箱内烘烤(如图 5-4-7 所示),烘烤温度:上火 200
　℃、下火 190 ℃,烘烤时间 20 分钟,然后上火、下火都关零,再焖烤 10 分钟,
　出炉。

☞**注意点**　◈ 注意掌握烘烤的时间、温度,出炉前检查是否成熟。

　　　　　◈ 苹果酥排烘烤期间不要打开烤箱门,以免影响成品质量。

　　　　　◈ 成型后的面坯,须松弛后再进行烘烤,避免制品收缩。

图 5-4-7　烘烤

步骤 7　切块

◆ 将烘烤成熟后的苹果酥排进行冷却,切除两边,然后切成 6 块(如图 5-4-8 所示),装盘。

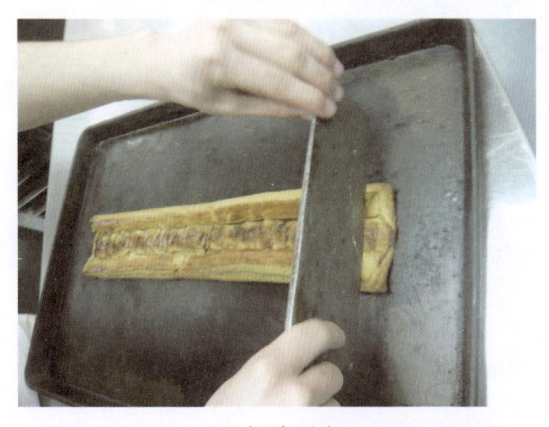

a) 切除两边

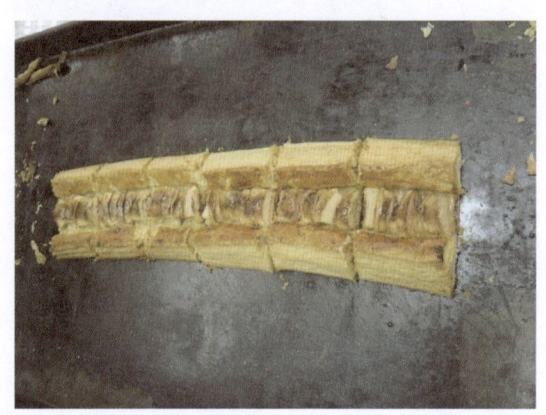

b) 切成 6 块

c) 苹果酥排

图 5-4-8　苹果酥排

评价要素

苹果酥排评分表

项目		评价要素	配分	得分
过程评分	1	卫生：操作中台面干净、卫生；结束后操作台整理干净、卫生；地面整理干净、卫生。	5	
	2	搅拌：无场外带入预制的面坯；准确的和面手法；顺序正确。	5	
	3	操作：无场外带入拌好的面糊；掌握工艺要求正确拌面糊；使用工具正确。	5	
	4	成型：正确选用搓、擀、折叠等成型操作手法；搓、擀、折叠等成型操作手法准确。	5	
结果评分	5	色泽：金黄色、色泽均匀、无焦色。	12	
	6	形态：排形端正、大小厚薄均匀、层次清晰。	16	
	7	口味：苹果味、甜度适中、不粘牙。	12	
	8	火候：上火无焦点、下火无焦黑、下火色泽均匀。	20	
	9	质感：疏松、无粘连、脆。	20	
合　　计			100	

思考与练习

1. 苹果酥排的常见质量问题有哪些？
2. 苹果酥排制作过程中的"成型"有何要求？

任务五　制作其他清酥类糕点

 任务描述

清酥类糕点的品种很多，除了酥盒、酥卷、酥排外，还有蝴蝶酥、糖面酥、蛋挞、酥角等品种，但不管何种品种，都要经过清酥面团调制的基本操作过程，即冷水面团调制、油脂面团调制、包油、擀制与折叠的基本过程，再经过成型、烘烤、装饰等过程。

通过学习，我们应掌握制作蝴蝶酥、糖面酥、葡式蛋挞、酥角的基本方法和技巧，特别是学好擀制面片的技能，为以后进一步制作清酥类食品打下良好的基础。制作好的清酥类糕点应：表面呈金黄色，层次清晰，大小均匀，起发好，口感酥松，油而不腻。

 任务分析

清酥面团的擀制、折叠是制作清酥类糕点的关键工序，也是制作清酥类糕点技术要求很高的工序，操作的成败直接会影响到成品的质量。

清酥面团的擀制、折叠的基本方法就是先将包好的面坯均匀地压一遍，使面团和油脂分布均匀，然后用擀面棍将面团擀制成厚薄均匀的长方形面坯。面坯第一次三等分折叠，面坯第二次擀制时需转动90度，再擀制成长方形面坯，三等分折叠；面坯经过两次折叠后要静置、松弛一段时间后，再进行下一轮次的擀制、折叠；重复上面的折叠工序，一共进行四次擀制、折叠，冷藏待用。除手工操作以外，还可以使用酥皮机，既方便又利于保证质量。清酥面团的擀制、折叠方法有三等分折叠和四等分折叠两种，具体使用哪一种折叠方法，由成品需要而定。

产品名称

蝴蝶酥

配方

面团料：黄油 15 克　中筋粉 200 克　水约 110 克　蛋液 15 克　酥皮油 150 克
馅　料：砂糖 70 克

方法与步骤

基本操作步骤描述

调制面团→包油→擀制与折叠→成型→烘烤。

步骤 1　调制面团

◆ 制作蝴蝶酥的清酥面团调制方法与清酥面团基本功训练中调制清酥面团的方法一致（略）。

步骤 2　包油

◆ 制作蝴蝶酥的包油方法与清酥面团基本功训练中包油的方法一致（略）。

步骤 3　擀制与折叠

◆ 制作新鲜水果酥盒的清酥面团擀制与折叠方法与清酥面团基本功训练中清酥面团的擀制与折叠方法一致（略）。

步骤 4　成型

◆ 用擀面棍擀制面坯成长方形，尺寸为 30 厘米×30 厘米左右，表面撒上一层薄薄的白砂糖，并用擀面棍轻轻擀平一些（如图 5-5-1 所示）。

a）撒一层白砂糖　　　　　b）擀面棍轻轻擀平

图 5-5-1　撒白砂糖

◆ 将两边折起来(宽度为清酥面团宽度的 1/6),成为两层,缝在中间,并轻轻压平整;再将两边折起来,成为三层,缝在中间,并轻轻压平整;再对折,并轻轻压平整,用保鲜膜包住,放在平整的小烤盘中,进冰箱冷冻(−18 ℃)半小时左右(如图 5−5−2 所示)。

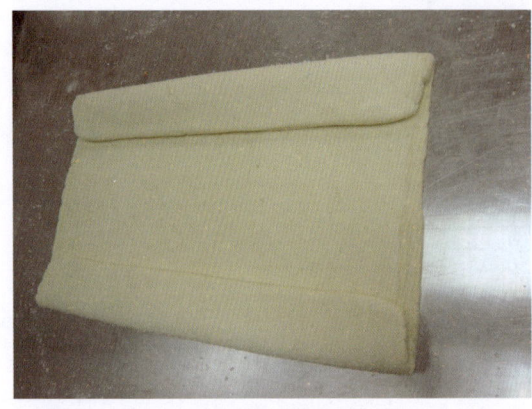

a) 两边折起

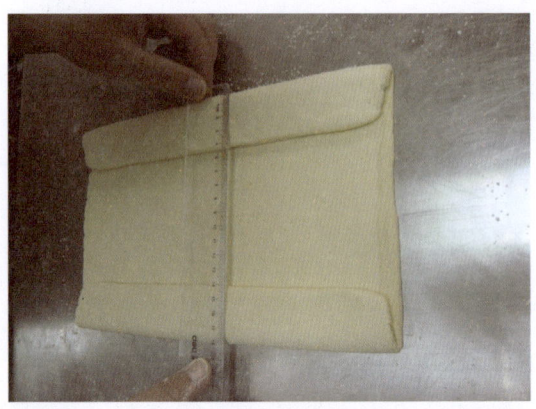

b) 直尺量尺寸

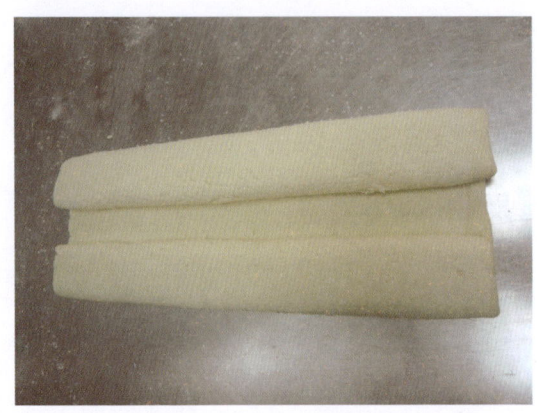

c) 再两边折起

d) 折叠好的清酥面团

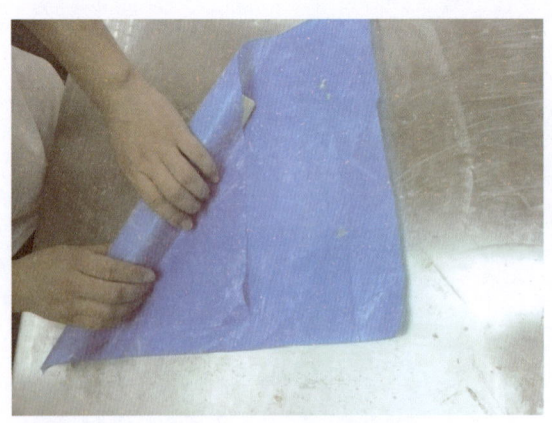

e) 用保鲜膜包住

图 5−5−2　折叠

◆ 将冷冻好的清酥面坯去除保鲜膜,用刀切成薄片(厚度 1 厘米左右),制作成蝴蝶酥生坯(如图 5 – 5 – 3 所示)。

a) 切割　　　　　　　　　　　　　　　b) 蝴蝶酥生坯

图 5 – 5 – 3　切割成型蝴蝶酥生坯

注意点　　◇ 面坯不宜太薄,切割的蝴蝶酥生坯厚薄、大小应一致。
　　　　　　◇ 折叠好的面团需要用保鲜膜包住后放入冰箱冷藏。
　　　　　　◇ 应使用锋利的刀具来切割清酥面坯,切割面坯时动作要迅速、利落,切割好的面坯应整齐、平滑、间隔分明,避免破坏面团的层次结构。

步骤 5　烘烤

◆ 将蝴蝶酥生坯放入烤盘中烘烤,烘烤温度:上火 190 ℃、下火 210 ℃,在 20 分钟后,上火、下火都关零,再焖烤 10 分钟左右,烤至金黄色出炉,冷却(如图 5 – 5 – 4 所示)。

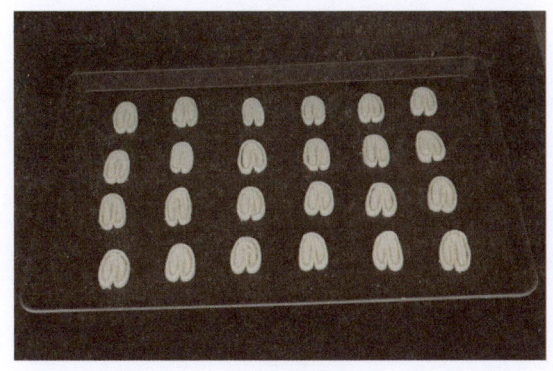

a) 放入烤盘的蝴蝶酥生坯　　　　　　　　　b) 蝴蝶酥

图 5 – 5 – 4　烘烤蝴蝶酥

注意点　　◇ 注意掌握烘烤的时间、温度,出炉前检查是否成熟。
　　　　　　◇ 成型后的面坯,须松弛后再进行烘烤,避免制品收缩。
　　　　　　◇ 在烘烤过程中,不要随意打开炉门,影响制品的膨胀。

评价要素

蝴蝶酥评分表

项目		评 价 要 素	配分	得分
过程评分	1	卫生：操作中台面干净、卫生；结束后操作台整理干净、卫生；地面整理干净、卫生。	5	
	2	搅拌：无场外带入预制的面坯；准确的和面手法；顺序正确。	5	
	3	操作：无场外带入拌好的面糊；掌握工艺要求正确拌面糊；使用工具正确。	5	
	4	成型：正确选用搓、擀、折叠等成型操作手法；搓、擀、折叠等成型操作手法准确。	5	
结果评分	5	色泽：金黄色、色泽均匀、无焦色。	12	
	6	形态：蝴蝶形端正、大小厚薄均匀、层次清晰。	16	
	7	口味：奶香味、甜度适中、不粘牙。	12	
	8	火候：上火无焦点、下火无焦黑、下火色泽均匀。	20	
	9	质感：疏松、无粘连、脆。	20	
合　　　计			100	

思考与练习

1. 蝴蝶酥的常见质量问题有哪些？
2. 蝴蝶酥制作过程中的"擀叠"有何要求？

产品名称

　糖面酥

配方

　　面团料：中筋粉 200 克　　酥皮油 160 克　　黄油 15 克　　蛋液 15 克　　水约 110 克

　　表面料：砂糖适量

方法与步骤

基本操作步骤描述

　　调制面团→包油→擀制与折叠→成型→烘烤。

步骤 1　调制面团

◆ 制作糖面酥的清酥面团调制方法与清酥面团基本功训练中调制清酥面团的方法一致（略）。

步骤 2　包油

◆ 制作糖面酥的包油方法与清酥面团基本功训练中包油的方法一致（略）。

步骤 3　擀制与折叠

◆ 制作糖面酥的清酥面团擀制与折叠方法与清酥面团基本功训练中清酥面团的擀制与折叠方法一致（略）。

步骤 4　成型

◆ 用擀面棍擀制面坯成长方形，尺寸为 20 厘米×36 厘米左右（如图 5-5-5 所示）。

图 5-5-5　长方形清酥面团

◆ 用花边扣压模切割面坯成圆齿形面坯(如图 5-5-6 所示)。

<table>
<tr><td>a) 花边扣压模切割面坯</td><td>b) 圆齿形面坯</td></tr>
</table>

图 5-5-6　用扣压模切割面坯

◆ 在操作台面上平整地放上一层薄薄的白砂糖,将圆齿形的面坯放在白砂糖上,用擀面棍轻轻地擀制面坯成椭圆形(如图 5-5-7 所示)。

<table>
<tr><td>a) 白砂糖</td><td>b) 圆齿形面坯放在白砂糖上面</td></tr>
</table>

<table>
<tr><td>c) 擀制</td><td>d) 擀制好的糖面酥酥皮</td></tr>
</table>

图 5-5-7　糖面酥成型

☞**注意点** ◈ 用模具切割面坯时动作要迅速、利落,切割的面坯应整齐、平滑、间隔分明,
避免破坏面团的层次结构。

◈ 擀制的糖面酥生坯大小、形态要一致。

步骤5 烘烤

◆ 将擀制好的面坯整齐地放在烤盘中,有白砂糖的一面在上面,制作成糖面酥的生坯进
烤箱烘烤,烘烤温度:上火 190 ℃、下火 210 ℃,在 20 分钟后,上火、下火都关零,再
焖烤 10 分钟左右,出炉,冷却(如图 5-5-8 所示)。

☞**注意点** ◈ 擀制好的糖面酥生坯放入烤盘时有白砂糖的一面须在上。

◈ 注意掌握烘烤的时间、温度,出炉前检查是否成熟。

◈ 成型后的面坯,须松弛后再进行烘烤,避免制品收缩。

◈ 在烘烤过程中,不要随意打开炉门,影响制品的膨胀。

a) 白砂糖一面在上

b) 糖面酥生坯

c) 放入烤箱

d) 糖面酥

图 5-5-8 糖面酥烘烤

评价要素

糖面酥评分表

项目		评价要素	配分	得分
过程评分	1	卫生：操作中台面干净、卫生；结束后操作台整理干净、卫生；地面整理干净、卫生。	5	
	2	搅拌：无场外带入预制的面坯；准确的和面手法；顺序正确。	5	
	3	操作：无场外带入拌好的面糊；掌握工艺要求，正确拌面糊；使用工具正确。	5	
	4	成型：正确选用搓、擀、折叠等成型操作手法；搓、擀、折叠等成型操作手法准确。	5	
结果评分	5	色泽：金黄色、色泽均匀、无焦色。	12	
	6	形态：牛舌形端正、大小厚薄均匀、层次清晰。	16	
	7	口味：酥脆、甜度适中、不粘牙。	12	
	8	火候：上火无焦点、下火无焦黑、底火色泽均匀。	20	
	9	质感：疏松、无粘连、脆。	20	
合　　计			100	

思考与练习

1. 糖面酥应如何制作？
2. 糖面酥制作过程中应注意些什么问题？

产品名称

 葡式蛋挞

配方

　　面团料：低筋粉 130 克　黄油 18 克　蛋液 10 克　糖粉 15 克　水约 55 克　酥皮油
　　　　　　100 克

　　馅　料：淡奶油 80 克　牛奶 50 克　蛋黄 50 克　砂糖 36 克

方法与步骤

基本操作步骤描述

　　调制面团→包油→擀制与折叠→馅料调制→成型→烘烤→脱模。

步骤 1　调制面团

◆ 制作葡式蛋挞的清酥面团调制方法与清酥面团基本功训练中调制清酥面团的方法一致（略）。

步骤 2　包油

◆ 制作葡式蛋挞的包油方法与清酥面团基本功训练中包油的方法一致（略）。

步骤 3　擀制与折叠

◆ 制作葡式蛋挞的清酥面团擀制与折叠方法与清酥面团基本功训练中清酥面团的擀制与折叠方法一致（略）。

步骤 4　馅料调制

◆ 将馅料中的蛋黄、牛奶、砂糖、鲜奶倒入盆中，轻轻拌匀，过筛，待用（如图 5 - 5 - 9 所示）。

☞**注意点**　◎ 馅料中的各种原料要拌匀后过滤，以提高成品的质量。

a）拌匀的馅料   b）过滤

图 5－5－9   馅料

步骤 5   成型

◆ 将清酥面团擀薄，造型（长方形 19 厘米×37 厘米），用印模分成 6 个（如图 5－5－10 所示）。

a）印模切割   b）经过切割的面团

c）切割好的面坯

图 5－5－10   印模切割面团

◆ 将切割好的面坯放入塔模中,并用手"捏",使面坯紧贴塔模(如图 5-5-11 所示)。

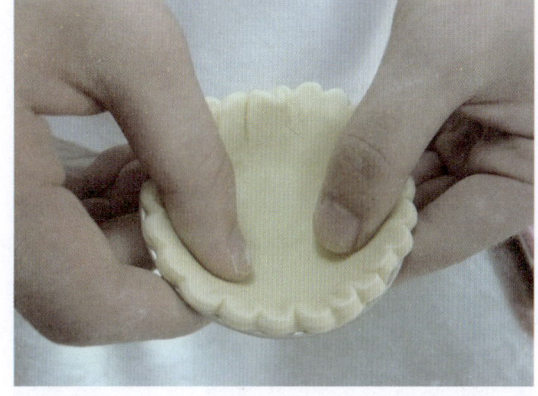

a) 塔模

b) 捏

图 5-5-11　面坯放入塔模

◆ 将调制好的馅料倒入塔模中(八成满)(如图 5-5-12 所示)。

a)"捏"好的蛋挞底坯

b) 倒入馅料

c) 蛋挞生坯

图 5-5-12　蛋挞成型

> ☞**注意点**　◇ 切割面坯时动作要迅速、利落,切割好的面坯应整齐、平滑、间隔分明,避免破坏面团的层次结构。
> ◇ 面坯要紧贴塔模。
> ◇ 倒入的馅料要八成满,不能太满,以免烘烤时外溢,影响产品美观。

步骤6　烘烤

◆ 将蛋挞生坯放入烤盘中,进烤箱烘烤,烘烤温度:上火210 ℃、下火240 ℃,时间18分钟(至蛋液轻微鼓起,蛋液凝结即可),出炉(如图5-5-13所示)。

a) 放入烤盘中　　　　　　　　　　　　b) 进烤箱烘烤

图5-5-13　烘烤

> ☞**注意点**　◇ 注意掌握烘烤的时间、温度,出炉前检查是否成熟。
> ◇ 在烘烤过程中,不要随意打开炉门,影响制品的膨胀。

步骤7　脱模

◆ 烘烤结束后的蛋挞待冷却后,进行脱模(如图5-5-14、图5-5-15所示)。

a) 从烤箱中取出　　　　　　　　　　　　b) 冷却

图5-5-14　冷却

图 5 - 5 - 15　蛋挞

评价要素

葡式蛋挞评分表

项目		评 价 要 素	配分	得分
过程评分	1	卫生：操作中台面干净、卫生；结束后操作台整理干净、卫生；地面整理干净、卫生。	5	
	2	搅拌：无场外带入预制的面坯；准确的和面手法；顺序正确。	5	
	3	操作：无场外带入拌好的面糊；掌握工艺要求，正确拌面糊；使用工具正确。	5	
	4	成型：正确选用搓、擀、折叠等成型操作手法；搓、擀、折叠等成型操作手法准确。	5	
结果评分	5	色泽：金黄色、色泽均匀、无焦色。	12	
	6	形态：圆形端正、大小均匀、层次清晰。	16	
	7	口味：奶香味、甜度适中、不粘牙。	12	
	8	火候：面火无焦点、底火无焦黑、底火色泽均匀。	20	
	9	质感：疏松、无粘连、馅嫩滑。	20	
合　　计			100	

思考与练习

1. 葡式蛋挞应如何制作？
2. 葡式蛋挞制作过程中应注意哪些问题？

产品名称

咖喱牛肉角

配方

面团料：中筋粉 200 克　水约 110 克　黄油 15 克　蛋液 15 克　酥皮油 150 克

馅　料：牛肉丝 200 克　咖喱粉 10 克　洋葱半个（切丝）　油、盐、糖、味精、淀粉、水
适量

方法与步骤

基本操作步骤描述

调制面团→包油→擀制与折叠→成型→烘烤→切块。

步骤 1　调制面团

◆ 制作咖喱牛肉角的清酥面团调制方法与清酥面团基本功训练中调制清酥面团的方法
一致（略）。

步骤 2　包油

◆ 制作咖喱牛肉角的包油方法与清酥面团基本功训练中包油的方法一致（略）。

步骤 3　擀制与折叠

◆ 制作咖喱牛肉角的清酥面团擀制与折叠方法与清酥面团基本功训练中清酥面团的擀
制与折叠方法一致（略）。

步骤 4　馅料调制

◆ 油放入锅内加热，加入牛肉丝、洋葱丝翻炒，加入水、盐、糖和咖喱粉翻炒至牛肉丝成
熟，加入味精拌匀，用淀粉勾芡。

步骤 5　成型

◆ 面皮擀薄成长方形（18 厘米×34 厘米），切边，切成 8 块（每块 8 厘米×8 厘米）（如图
5-5-16 所示）。

a）切边

b）分割

c）切成 8 块

图 5 – 5 – 16　面团切块

◆ 中间处稍擀薄，边上刷鸡蛋液（如图 5 – 5 – 17 所示）。

a）中间擀制

b）边上刷鸡蛋液

图 5 – 5 – 17　擀制面坯

◆ 中间放入馅料,然后对折,表面刷鸡蛋液(如图 5-5-18 所示)。

a) 对折   b) 表面刷鸡蛋液

图 5-5-18 对折、刷蛋液

☞**注意点** ◈ 应使用锋利的刀具来切割清酥面坯,切割面坯时动作要迅速、利落,切割好的面坯应整齐、平滑、间隔分明,避免破坏面团的层次结构。

步骤 6 烘烤

◆ 将咖喱牛肉角生坯放入烤盘中,进烤箱烘烤(如图 5-5-19 所示),烘烤温度:上火 220 ℃、下火 200 ℃,在 20 分钟后,上火、下火都关零,再焖烤 10 分钟左右,出炉。

a) 放入烤盘   b) 进烤箱烘烤

图 5-5-19 烘烤

☞**注意点** ◈ 清酥类糕点在烘烤过程中,不要随意打开炉门,影响制品的膨胀。

步骤 7 冷却装盆

◆ 将烘烤成熟后的咖喱牛肉角从烤箱中取出,冷却,装盘(如图 5-5-20 所示)。

图 5-5-20　咖喱牛肉角

评价要素

咖喱牛肉角评分表

项目		评 价 要 素	配分	得分
过程评分	1	卫生：操作中台面干净、卫生；结束后操作台整理干净、卫生；地面整理干净、卫生。	5	
	2	搅拌：无场外带入预制的面坯；准确的和面手法；顺序正确。	5	
	3	操作：无场外带入拌好的面糊；掌握工艺要求，正确拌面糊；使用工具正确。	5	
	4	成型：正确选用搓、擀、折叠等成型操作手法；搓、擀、折叠等成型操作手法准确。	5	
结果评分	5	色泽：金黄色、色泽均匀、无焦色。	12	
	6	形态：三角形端正、大小均匀、层次清晰。	16	
	7	口味：咖喱味、咸度适中、不粘牙。	12	
	8	火候：上火无焦点、下火无焦黑、下火色泽均匀。	20	
	9	质感：疏松、无粘连、馅心嫩滑。	20	
合　　计			100	

思考与练习

1. 糖面酥的常见质量问题有哪些？
2. 糖面酥制作过程中的"擀叠"有何要求？

项目六 制作蛋糕

传说蛋糕最早出现在古罗马时代。而蛋糕一词则出自英语，其原意是扁圆的面包，同时也代表着"快乐幸福"之意。

蛋糕是焙烤食品中最浓郁香甜的产品。制作蛋糕与制作面包一样要求精确计量所用材料，但原因大相径庭。面包属含油低的产品，需形成较强的面筋且控制酵母的反应。相反，蛋糕的油、糖含量都很高，以使产品质轻细腻。

蛋糕广受欢迎，除浓郁香甜外，还因为它用途广泛。从自助餐厅里的片状蛋糕，到制作精细、装饰华丽如艺术品般的婚礼蛋糕，虽然其基本配方只有数种，但配以种类繁多的饰料，可制成适合各种场合的甜点。

蛋糕的分类也是非常复杂的，在行业中一般按用油多少分为清蛋糕和油蛋糕。

大多数蛋糕以其外观吸引顾客，所以，蛋糕是表现从业者制作工艺和想象力的绝好媒介。令人喜爱的蛋糕并非都特别精致和复杂，相反，一个简洁明快的蛋糕要比一个虽复杂但缺少设计、华而不实的蛋糕强得多。

此外，蛋糕的装饰多种多样，可以说有成千上万。我们在本项目的学习中，只要掌握一些基本的蛋糕制作技术和装饰技巧，掌握使用最基本的工具——裱花嘴和裱花袋的技能。这些技能必须经过大量的练习之后，才能很好地掌握，也只有这样，才能进一步提高蛋糕装饰技巧，并从各类装饰图书中学到更多技术。

能 力 目 标

- 了解蛋糕的分类
- 掌握制作蛋糕的基本方法及装饰技巧
- 能制作出几式蛋糕制品
- 知道蛋糕常见的质量问题
- 学会蛋糕的质量评分方法
- 正确使用常用工具、设备
- 树立良好的食品制作道德意识，具有良好的学习习惯与合作精神

任务一 制作清蛋糕

 ## 任务描述

　　清蛋糕是蛋糕中最常见的品种之一。清蛋糕用途极广,可用于各式甜点的坯料及生日蛋糕的坯料。口味上有巧克力、咖啡味等,质感蓬松柔软。

　　清蛋糕的定义:清蛋糕是配方中含有油脂较少的一类蛋糕制品,是用鸡蛋和糖搅打后与面粉混合一起制成的。

　　清蛋糕的特点:制成的清蛋糕形态规范、外观完整、厚薄均匀、表面无塌陷或隆起;色泽均匀呈金黄色;膨松适度、气孔均匀而富弹性、内部无粘连;口感松软、甜度适中。

　　制作清蛋糕时,搅拌蛋糕糊的方法一般有三种:海绵法、天使法和戚风法。搅拌蛋糕糊的三个主要目的如下所示:

　　(1) 将所有配料调制成光滑、均匀、无颗粒的面糊。

　　(2) 搅打气泡,并将气泡拌入面糊中。

　　(3) 制成成品所需的正确质地结构。

　　通过学习,我们要掌握清蛋糕的制作技术。

 ## 任务分析

　　清蛋糕是用鸡蛋、糖搅打后与面粉混合制成的,其蓬松性主要是靠蛋白搅打气泡作用形成的。当蛋液被快速连续搅打时,会产生大量细密气泡,并拌入在蛋糕糊内,当制品受热,气泡就会膨胀,因其有韧性而不至于破裂,直至膨胀到蛋糕凝固为止。因此,保持蛋糕糊的包气能力十分重要,它与蛋的新鲜度、搅打速度、搅打时间、搅打温度、原料配比等有密切关系。

　　制作油蛋糕时,搅拌蛋糕糊的方法一般有三种:乳化法、两段法和面粉—面糊法。搅拌蛋糕糊的三个主要目的如下所示:

　　(1) 将所有配料调制成光滑、均匀、无颗粒的面糊。

　　(2) 搅打气泡,并将气泡拌入面糊中。

　　(3) 制成成品所需的正确质地结构。

 产品名称

 **生日蛋糕坯**

配方

蛋糕面糊料：糖粉 35 克　盐 1 克　低筋粉 100 克　泡打粉 1 克　砂糖 55 克
水 30 克　　塔塔粉 2 克　　　　精制油 35 克
鸡蛋 240 克(约 4 只)

方法与步骤

基本操作步骤描述

分蛋→调制面糊→成型→烘烤。

步骤 1　分蛋

◆ 分蛋：将蛋黄、蛋清分开(如图 6-1-1 所示)。

图 6-1-1　蛋黄、蛋清分开

☞**注意点**　◇ 应选择新鲜鸡蛋，选择低筋粉。
◇ 蛋清中绝不应该有蛋黄。

步骤 2　调制面糊

◆ 精制油、水、糖粉拌匀，加入低筋粉、泡打粉拌匀，再加入蛋黄拌匀(如图 6-1-2 所示)。

◆ 蛋清、糖、塔塔粉快速打至湿性发泡(带勾、光泽、细腻)(如图 6-1-3 所示)。

◆ 取 1/3 发泡加入由精制油、水、糖粉、低筋粉、泡打粉和蛋黄拌匀的混合物中拌匀(如图 6-1-4 所示)，多余发泡再加入拌匀(如图 6-1-5 所示)。

图 6 - 1 - 2　未加发泡面糊

图 6 - 1 - 3　蛋清打发

图 6 - 1 - 4　加发泡搅拌

图 6 - 1 - 5　加发泡拌匀

☞**注意点**　◇　搅打时应注意控制蛋清的搅打程度,搅打不够(如图 6 - 1 - 6 所示),影响体积膨胀;搅打过度(如图 6 - 1 - 7 所示),泡沫坚硬,拌糊时操作困难,而且会导致蛋糊稀薄、气体散失。

　　　　　　◇　蛋黄须在面粉拌匀后加入,以免发生蛋糊黏结的不良现象。

　　　　　　◇　尽量不要多搅拌,拌匀即可,以免面糊产生筋力,影响质量。

图 6 - 1 - 6　蛋清搅打不够

图 6 - 1 - 7　蛋清搅打过度

步骤 3　成型

◆ 将面糊放入八寸蛋糕坯模中,用力敲一下,去除气泡(如图6-1-8所示)。

图6-1-8　蛋糕坯模具成型

☞**注意点**　◈ 掌握蛋糊入模的量。蛋糊入模量为70%～80%。

◈ 分蛋法的模具不能抹油,以免坯料离模、成品凹陷。

◈ 分蛋法搅打的蛋糕,在蛋糊入模后要将模具敲拍一下,让蛋糊内的气泡均匀稳定,使蛋糕成品质感细腻。

步骤 4　烘烤

◆ 烘烤:上火160℃,下火170℃,时间50分钟,出炉冷却(如图6-1-9所示)。

图6-1-9　出炉蛋糕坯

◆ 判断生日蛋糕坯成熟与否。

◈ 目测:色泽为金黄色、无焦点。形态为圆形、饱满。

◈ 手测:用手轻按有弹性。

◈ 使用竹签:竹签插入无粘连物。

☞**注意点**　◈ 注意掌握烘烤的时间、温度。

　　　　　　◈ 烘烤过程中，不要随意打开烤箱，以免热气散失，影响制品膨胀。

　　　　　　◈ 出炉后八寸蛋糕坯反扣，冷却脱模（如图6-1-10所示）。

图6-1-10 脱模蛋糕坯

生日蛋糕坯的质量评判要求：

◆ 色泽：色泽均匀、金黄色、无焦色。

◆ 形态：圆形、端正、饱满、无塌陷。

◆ 口感：奶香味、甜度适中。

◆ 火候：上火无焦点、下火无焦黑。

◆ 质感：松软、细腻、气孔均匀。

 小知识

清蛋糕的膨松原理

　　蛋糕的膨松主要是由于物理膨松的作用。蛋液通过机械的急速搅拌充入空气，大量空气并入气泡而形成泡沫，蛋液也就变得相当稠厚，经过加热后空气膨胀，体积疏松膨大。

　　蛋液的膨胀主要是蛋清的作用。蛋清具有起泡性，当蛋液经过急速而连续的搅打之后，充入大量空气而形成的细小气泡就均匀地包在蛋清膜内，加热后空气膨胀，而蛋清胶体性能的韧性使其不会破裂，蛋液内的气泡膨胀直至凝固，烘烤中的蛋糕体积因此而蓬松增大。但是过多地搅打会破坏蛋清的胶体性能，使蛋清保持气体的能力下降。蛋液保持气体的最佳状态在呈现最大体积之前产生。

　　清蛋糕又称为海绵蛋糕，因其成品的特点是体积膨大，内部气孔均匀、细腻、富有弹性如海绵体状而得名。

　　清蛋糕可以单独食用，也可以作为各甜点、裱花蛋糕及其他点心的坯料。

评价要素

生日蛋糕坯评分表

项目		评价要素	配分	得分
过程评分	1	卫生：操作中台面干净、卫生；结束后操作台整理干净、卫生；地面整理干净、卫生。	5	
	2	搅拌：投料顺序正确；准确掌握搅拌时间；准确掌握搅拌速度。	5	
	3	操作：无场外带入拌好的面糊；掌握工艺要求，正确拌面糊；使用工具正确。	5	
	4	成型：按产品要求准确选用模具成型；手法正确。	5	
结果评分	5	色泽：金黄色；光亮；无焦色。	12	
	6	形态：形态端正；端正饱满；无穿顶或凹陷。	16	
	7	口味：甜度适中；不粘牙；松而润软；表面略韧。	12	
	8	火候：准确掌握上火；准确掌握下火；无焦黑。	20	
	9	质感：松软；细腻、滋润；气孔均匀。	20	
合　　计			100	

思考与练习

1. 什么是清蛋糕？它发泡的原理是什么？
2. 生日蛋糕坯制作过程中"蛋清打发"时应注意哪些问题？

任务二　制作油蛋糕

 任务描述

　　油蛋糕是配方中含有油脂较多的一类蛋糕制品。油蛋糕具有良好的香味,柔软滑润的质感,入口香甜,回味无穷。

　　油蛋糕的种类有很多,它们是在油蛋糕的基础上添加不同原料制成的,如大理石蛋糕、水果蛋糕、巧克力蛋糕、香蕉蛋糕和核桃蛋糕等。

　　制成的油蛋糕应形态规范、外观完整、表面无塌陷或隆起;表面色泽均匀呈棕黄色、内部呈金黄色;膨松适度、气孔均匀、内部无粘连;口感松软、甜度适中。

　　通过学习,我们要掌握油蛋糕的制作技术。

 任务分析

　　在油蛋糕制作时,将糖和油进行搅拌会搅入大量空气,并产生气泡,当加入蛋液继续搅拌时,油蛋糕面糊中的气泡进一步增多,当制品受热,气泡会膨胀而使蛋糕体积增大,质地松软。面糊中加入的化学疏松剂在蛋糕成熟的过程中会产生二氧化碳,使油蛋糕成品膨松,体积增大。

　　为使油蛋糕糊搅入更多的空气,所选用油脂的特性相当重要。油脂的特性主要指油脂的融合性、可塑性和熔点。同时,油蛋糕产品质量和原料配比、原料质量,搅拌速度、时间和温度,投料程序和方法,烘烤温度和时间有密切关系,在制作时一定应小心。

 产品名称

 巧克力麦芬

配方

　　油蛋糕面糊料:黄油 108 克　糖粉 83 克　低筋粉 110 克　可可粉 6 克

泡打粉 3 克 巧克力碎 25 克 鸡蛋约 135 克（2 只）（如图 6-2-1 所示）

图 6-2-1 原料

方法与步骤

基本操作步骤描述

调制面糊→成型→烘烤。

步骤 1 面糊调制

◆ 糖粉、油拌匀和搓松发（如图 6-2-2 所示）。

◆ 分次加蛋，拌匀搓透（如图 6-2-3 所示）。

图 6-2-2 糖油搅拌松发

图 6-2-3 分次加蛋

◆ 加入过筛面粉、可可粉和泡打粉拌匀；同时加入巧克力碎拌至细腻无大气孔（如图 6-2-4 所示）。

图 6-2-4　面糊拌匀

☞**注意点**　◈ 糖粉、油和蛋,一定要拌匀搓透。搅拌充分,面糊拌透,拌至细腻、无大气孔。

◈ 加入过筛面粉、可可粉、泡打粉和巧克力碎后,轻轻地拌成光滑面糊,不要用力搓,否则易起筋。

步骤2　成型

◆ 将拌匀的面糊装入裱花袋(不带裱花嘴)(如图 6-2-5 所示)。

图 6-2-5　面糊装入裱花袋

◆ 均匀地挤裱在 6 个圆形纸杯内(如图 6-2-6 所示)。

☞**注意点**　◈ 准确选用模具。模具应根据成品的要求和特点选用。

◈ 掌握油蛋糕入模的盛放量,宜控制在 70%～80%(如图 6-2-7 所示)。

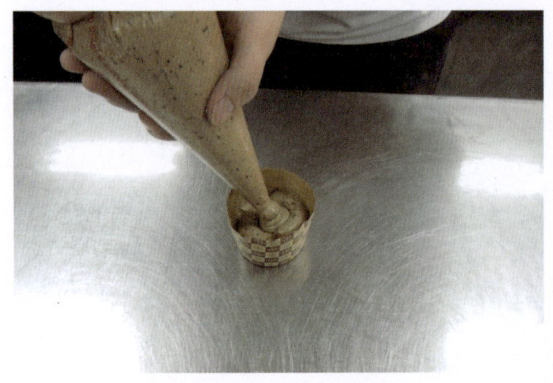

图6-2-6 挤入纸杯

图6-2-7 坯料放入烤盘

步骤3 烘烤

◆ 烘烤：上火180 ℃，下火180 ℃，时间25分钟左右，进入烤箱（如图6-2-8所示），按定时器（如图6-2-9所示）。

图6-2-8 进入烤箱

图6-2-9 按定时器

☞**注意点**
◇ 烤盘内模具的摆放不能过密或紧靠烤箱边缘，更不能重叠摆放，否则制品受热不匀会影响成品的质量。

◇ 烘烤过程中，不要随意打开烤箱，以免热气散失，影响制品膨胀。以下是正确观察方法（如图6-2-10所示）和错误观察方法（如图6-2-11所示）。

图6-2-10 正确观察方法

图6-2-11 错误观察方法

◆ 判断巧克力麦芬成熟与否。

◇ 目测：色泽为巧克力色、无焦点（如图6-2-10所示）。

◇ 手测：用手轻按有弹性（如图6-2-12所示）。

◇ 使用竹签：竹签插入无粘连物（如图6-2-13所示）。

图6-2-12 手测

图6-2-13 使用竹签测试

巧克力麦芬的质量评判要求：

◇ 色泽：色泽均匀、巧克力色、无焦色。

◇ 形态：圆形、大小一致、略微开花。

◇ 口感：巧克力味、甜度适中、油润、不粘牙。

◇ 火候：表面无焦点、下火无焦黑。

◇ 质感：松软、细腻、气孔均匀。

 小知识

油蛋糕的搅拌方法

油蛋糕面糊的搅拌方法：有油、糖搅拌法，油、粉搅拌法及全料搅拌法三种。

1. 油、糖搅拌法

先将油脂和砂糖或糖粉充分搅拌，使油脂融合了大量的空气，待体积膨胀后，分次加入鸡蛋搅拌均匀，再将其他配料依次加入，搅拌均匀。采用油、糖搅拌法调制的蛋糕，体积大、组织松软。用这种方法调制的油脂蛋糕有黄油蛋糕、黄油水果蛋糕、核桃蛋糕等，也可用于覆面装饰蛋糕的坯料。

油、糖搅拌法调制油脂蛋糕的工艺流程如下：

```
            蛋液                      果料
          渐渐加入↓                    ↓
油脂＋砂糖或糖粉→搅拌松发→搅拌均匀→拌匀（面糊细腻）→入模→装饰→入炉烘烤。
                                  ↑
                        过筛面粉（可添加食品膨松剂）
```

2. 油、粉搅拌法

油脂和面粉一起搅打至疏松,然后加入鸡蛋和砂糖或糖粉的混合物搅拌均匀。

油、粉搅拌法调制油脂蛋糕的工艺流程如下:

鸡蛋＋砂糖或糖粉→搅打稠厚

油脂＋面粉→搅打疏松→搅拌均匀(面糊细腻)→入模→装饰→入炉烘烤

果料

3. 全料搅拌法

油脂含量比例较高的油脂蛋糕可以用全料搅拌法搅拌。将全部的原料放在一起搅拌(鸡蛋可以稍后加入),至面糊细腻。

全料搅拌法调制油蛋糕的工艺流程如下:

鸡蛋　　　　　　　果料

油脂＋面粉＋砂糖→搅打疏松→搅拌均匀(面糊细腻)→入模→装饰→入炉烘烤。

评价要素

巧克力麦芬评分表

项目		评价要素	配分	得分
过程评分	1	卫生:操作中台面干净、卫生;结束后操作台整理干净、卫生;地面整理干净、卫生。	5	
	2	搅拌:无场外带入预制的面糊;准确掌握搅拌时间;准确掌握搅拌速度。	5	
	3	操作:无场外带入拌好的面糊;掌握工艺要求,正确拌面糊;使用工具正确。	5	
	4	成型:正确选用搓、裱挤手法等成型操作手法;搓等成型操作手法准确。	5	
结果评分	5	色泽:巧克力色;色泽均匀;无焦点。	12	
	6	形态:大小一致;端正饱满;略微开花。	16	
	7	口味:巧克力味;甜度适中;不粘牙;松而润软。	12	
	8	火候:准确掌握上火;准确掌握下火;无焦黑点。	20	
	9	质感:松软;细腻、滋润;气孔均匀。	20	
合　　　计			100	

思考与练习

1. 什么是油脂蛋糕?它发泡的原理什么?

2. 巧克力麦芬面糊调制时应注意哪些问题?

任务三 制作卷型蛋糕

 任务描述

卷型蛋糕并非是蛋糕分类中的独立一类,也并非在制作原理上有特殊的地方,仅仅是一般蛋糕的组装,因为在蛋糕组装中,卷制方法经常被采用,而派生出一些其他品种的蛋糕,所以被我们称为"卷蛋糕",如瑞士卷、咖啡卷等。

卷型蛋糕的特点:端正,卷纹清晰,甜度适中,口感润软、细腻。

卷蛋糕在制作方式上是烤制片状清蛋糕,再用鲜奶油涂抹进行卷制。要求大小均匀,端正,卷纹清晰,甜度适中,口感润软、细腻。

 任务分析

卷蛋糕是把烘烤好的片状蛋糕进行卷制,鲜奶油只是作为涂抹材料,起到黏结蛋糕和调节口味的作用。

制作此类蛋糕关键的地方是掌握卷制的技术,要求在卷制时,外形完整,外表整洁,结构紧密,接缝光滑,切面完整、大小均匀。

 产品名称

 **瑞士卷筒蛋糕**

配方

蛋糕面糊料:鸡蛋 250 克　糖粉 38 克　盐 1 克　低筋粉 85 克　泡打粉 1 克
　　　　　　精制油 40 克　砂糖 60 克　水 40 克　塔塔粉 2 克(如图 6-3-1 所示)
馅料:鲜奶油适量

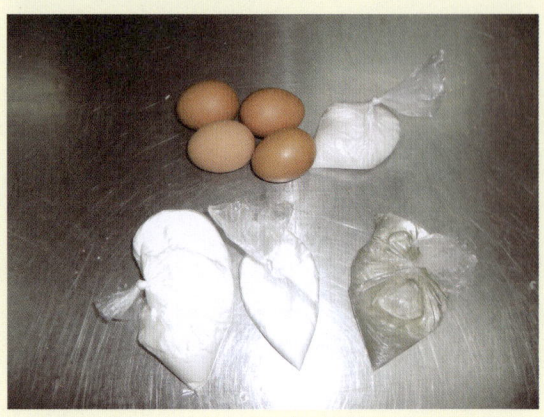

图6-3-1 原料

方法与步骤

基本操作步骤描述

分蛋→调制面糊→烘烤→成型。

步骤1 分蛋

◆ 同生日蛋糕坯。

步骤2 调制面糊

◆ 同生日蛋糕坯。然后将调制好的面糊倒入烤盘（烤盘内垫纸），用刮板抹平（如图6-3-2所示）。

☞**注意点** ◇ 抹平时四个角先放入些面糊，按顺序抹，防止中间高（如图6-3-3所示）。

◇ 抹平即可，不要反复抹，以免有气泡（如图6-3-4所示）。

图6-3-2 刮板抹平

图6-3-3 角先放入些面糊

图 6-3-4　抹平即可

步骤 3　烘烤

◆ 烘烤：上火 190 ℃，下火 150 ℃，时间 15～16 分钟。

☞**注意点**　◇ 注意掌握烘烤的时间、温度。

◇ 烘烤过程中，不要随意打开烤箱，以免热气散失，影响制品膨胀。以下是正确观察方法（如图 6-3-5 所示）和错误观察方法（如图 6-3-6 所示）。

图 6-3-5　正确观察方法

图 6-3-6　错误观察方法

步骤 4　成型

◆ 出炉后冷却与纸分离待用（如图 6-3-7 所示）；被卷的坯料不宜放置过久，坯料变硬，导致卷制的产品无法结实和有裂痕。

图 6-3-7　糕坯与纸分离

◆ 在蛋糕坯正面抹上鲜奶油（如图 6-3-8 所示），向前推卷（如图 6-3-9 所示）。

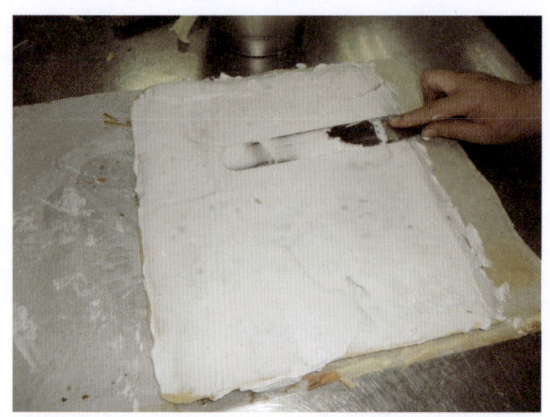

图 6-3-8　抹上鲜奶油

图 6-3-9　向前推卷

◆ 底面收口平整，切成 6 块（如图 6-3-10 所示），装盘即可（如图 6-3-11 所示）。

图 6-3-10　切成 6 块

图 6-3-11　装盘

☞**注意点** ◈ 推卷要掌握技巧,使卷蛋糕卷得坚实、紧密。

瑞士卷筒蛋糕的质量要求:
◆ 色泽:色泽均匀、淡黄色、无焦色。
◆ 形态:卷纹层次清晰、大小一致、端正。
◆ 口感:奶香味、甜度适中、不粘牙。
◆ 火候:表面无焦点、底火无焦黑、底火色泽均匀。
◆ 质感:松软、细腻、气孔均匀。

 小知识

操作技巧基本功——卷

卷是将擀成片的面团或烘烤成熟的蛋糕等坯料卷成圆筒状的一种造型。需要卷制的品种较多,方法也不尽相同。有的品种要求熟制以后卷,有的是在熟制以前卷,无论哪种都是从头到尾用手以滚动方式,由小而大地卷成。卷有单手卷和双手卷两种形式,单手卷是用一只手拿着形如圆锥形的模具,另一只手将面坯拿起,在模具上由小头向大头轻轻地卷起,双手配合一致,把面坯卷在模具上,卷的层次均匀。双手卷是将蛋糕薄坯置于工作台上,涂抹上配料,双手向前推动卷起成型(如图6-3-12所示)。卷制不能空心,粗细要均匀一致。

制作卷的基本要领及要求:

(1)被卷的坯料不宜放置过久,使坯料变硬,导致卷制的产品无法结实和有裂痕。

(2)用力要均匀,双手配合要协调一致。

(3)卷时借助于其他工具,撤出时保持产品的完整性。

 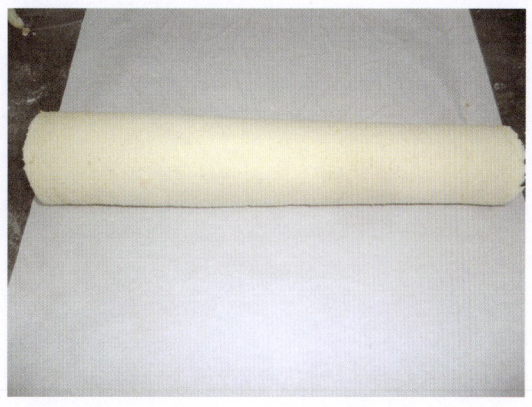

图6-3-12 双手向前推卷　　　　图6-3-13 卷制成型

评价要素

瑞士卷评分表

项目		评 价 要 素	配分	得分
过程评分	1	卫生：操作中台面干净、卫生；结束后操作台整理干净、卫生；地面整理干净、卫生。	5	
	2	搅拌：投料顺序正确；准确掌握搅拌时间；准确掌握搅拌速度。	5	
	3	操作：无场外带入拌好的面糊；掌握工艺要求，正确拌面糊；使用工具正确。	5	
	4	成型：按产品要求准确选用模具成型；手法正确。	5	
结果评分	5	色泽：淡黄色；色泽均匀；无焦点。	12	
	6	形态：卷纹层次清晰；大小一致；形态端正。	16	
	7	口味：甜度适中；奶香味；不粘牙；松而润软。	12	
	8	火候：准确掌握面火；准确掌握底火；无焦黑。	20	
	9	质感：松软；细腻、滋润；气孔均匀；鲜奶细腻。	20	
合　　　计			100	

思考与练习

1. 如何评价瑞士卷筒蛋糕的质量？
2. 瑞士卷筒蛋糕卷制时应注意哪些问题？

任务四　制作装饰蛋糕

任务描述

　　装饰(裱花)蛋糕：以清蛋糕或油脂蛋糕为糕坯，经过适当装饰制成的具有一定艺术品位的喜庆蛋糕。一般来讲，装饰蛋糕糕体装饰得华贵而又高雅，精美而又别致。

　　装饰的目的是使其外表有诱人的色泽和图案，达到突出主题或创意的目的，从而提高蛋糕的欣赏价值，以吸引顾客的食欲和消费欲，体现制作者丰富的艺术想象。

　　装饰的类型：简易装饰、图案装饰和造型装饰。

　　装饰的方法：色泽装饰、裱花装饰、夹心装饰、表面装饰和模具装饰。

　　装饰蛋糕的制作需要扎实的基本功，熟练精湛的技术，同时也涉及美术基础、审美意识和艺术想象力，装饰手法多样，变化灵活，可繁可简。总之，装饰的目的是使其外表有诱人的色泽和图案，以吸引顾客的食欲和消费欲。

　　通过学习，我们有能力进行一个八时圆蛋糕的基本造型和装饰。

任务分析

　　在完成本次任务的过程中，需掌握一些基本的装饰技巧。其中，最难操作的可能是裱花袋和纸锥的使用，其他技巧更多取决于稳健的手法与整齐的协调感。

　　装饰常用的工具有：转盘、抹刀、弯刀、锯齿刀、塑料刮片或刮刀、糖衣网架、糖衣梳、撒糖器、蛋糕圈、装饰纸板、羊皮纸、裱花袋和裱花嘴、纸锥等。

　　装饰技巧大致有：侧面装饰、镂花装饰、调色刀装饰、模仿装饰、果冻糖饰、水果、果仁及其他配料装饰。

　　装饰顺序一般如下所示：① 蛋糕放平，进行剖面、夹心。② 表面抹光。③ 使用裱花嘴进行图案和线条造型。④ 用纸锥进一步进行精细装饰，包括文字装饰。⑤ 制作花边、花朵、叶子等其他小饰物装饰。⑥ 进行其余项目的装饰。

产品名称

练习抹面　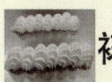裱形　抹面与裱形结合

配方

　　假奶油料：砂糖1 000克　蛋糕油(SP)25克　水1升

方法与步骤

基本操作步骤描述

　　假奶油制作→抹面→裱形→抹面与裱形结合。

步骤1　假奶油制作及工具使用

◆ 假奶油制作：砂糖与水慢速搅拌至溶解，加入SP，用快速打稠(如图6-4-1所示)，至假奶油细腻、光滑(如图6-4-2所示)。

图6-4-1　制作假奶油　　　　　　　　　图6-4-2　假奶油制作完成

◆ 练习使用的工具：转盘、蛋糕模具、抹刀等(如图6-4-3所示)。

图6-4-3　练习工具

步骤 2 抹面

◆ 抹面方法：利用蛋糕转盘和抹刀的合理配合将练习原料涂抹在表面（平面）（如图 6 - 4 - 4 所示）及侧面（垂直面）（如图 6 - 4 - 5 所示）。

图 6 - 4 - 4 抹平面

图 6 - 4 - 5 抹侧面

☞**注意点**
◈ 抹平表面时抹刀要水平。
◈ 抹侧面时抹刀要垂直。
◈ 原料使用量要适当。
◈ 手与转盘的转动相配合。

◆ 抹面质量要求：使蛋糕表面光滑均匀，达到端正、平滑、圆整、顶面与蛋糕侧边垂直、不露糕坯的要求（如图 6 - 4 - 6 所示）。

图 6 - 4 - 6 抹面练习完成

步骤 3 裱形

◆ 裱形方法：裱花袋裱形（如图 6 - 4 - 7 所示）和纸锥裱形两种（如图 6 - 4 - 8 所示）。

图 6-4-7 裱花袋裱形

图 6-4-8 纸锥裱形

- 裱形的基本种类有：类似用笔书写字体或绘图，挤散成无规则细线，挤成圆点和线条（直线、曲线、各种花式线），裱成各种花型。
- 裱花袋裱形：即将装饰用的糊状材料（如练习原料、打起的鲜奶油等）装入带有裱花嘴的袋中（如图 6-4-9 所示），使用不同的裱花嘴（如图 6-4-10 所示）裱挤花形和花纹。

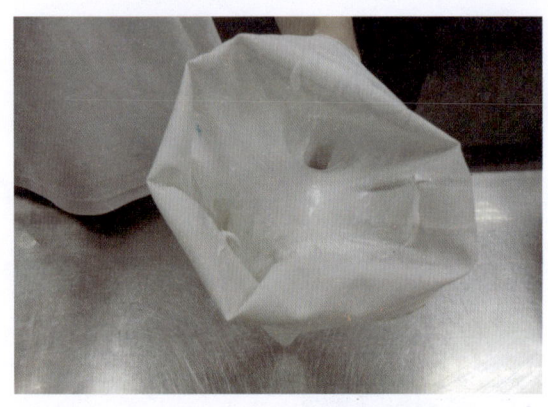

图 6-4-9 装饰材料装入裱花袋

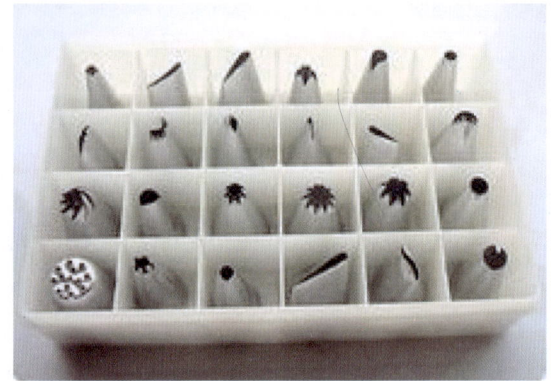

图 6-4-10 各种不同的裱花嘴

- 圆平口裱花嘴：裱挤圆点和光滑线条（如图 6-4-11 所示）。
- 齿口裱花嘴：裱挤各种齿形线条（如图 6-4-12 所示）。

图 6-4-11 裱挤圆点

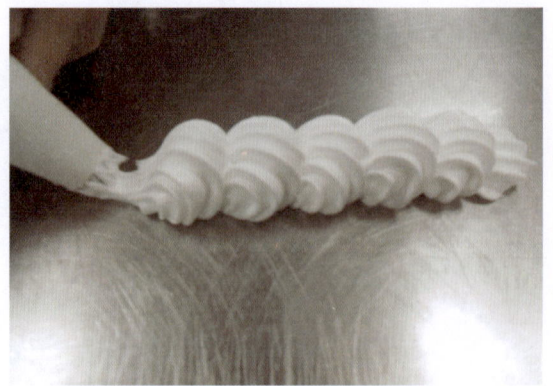

图 6-4-12 裱挤齿形线条

● 扁口裱花嘴：裱挤各种花（如图6-4-13所示）和叶片（如图6-4-14所示）。

 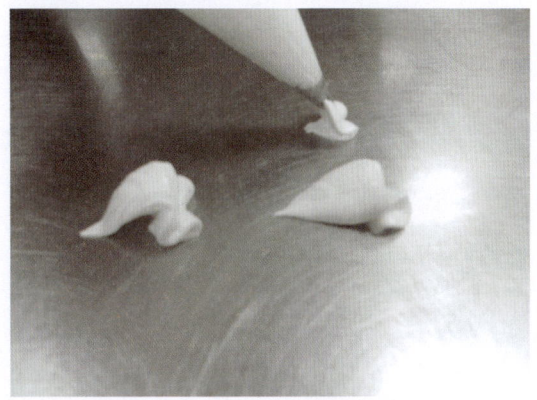

图6-4-13 裱挤玫瑰花　　　　　　　图6-4-14 裱挤叶片

☞**注意点**　◇ 装料：裱花袋内装料不要太满，70％即可，上端捏拢，使料不向后溢。用一只手的虎口捏紧袋口，另一只手托裱花袋下方。

　　　◇ 掌握好嘴的角度和高低：裱花嘴和平面应成45度左右，在不遮掩视力的条件下裱形（如图6-4-15所示）。

图6-4-15 裱花嘴和平面成45度左右

　　　◇ 控制好裱挤的速度和轻重：抓捏力（也就是裱剂量）的大小及裱花嘴的移动和线条、花纹的粗细有很大的关系。因此手的抓捏力与裱花嘴的移动配合相当重要。做到快慢适宜，轻重得当。

◆ 使用不同裱花嘴裱挤成的各种图案（如图6-4-16所示）（如图6-4-17所示）（如图6-4-18所示）。

◆ 纸卷（油纸或玻璃纸）裱形：细线条或细花纹可用油纸或玻璃纸卷后裱形。将纸裁成三角形，一手捏住底边中点处，另一手将三角形的一边向内卷成尖锥形（如图6-4-19所示）。

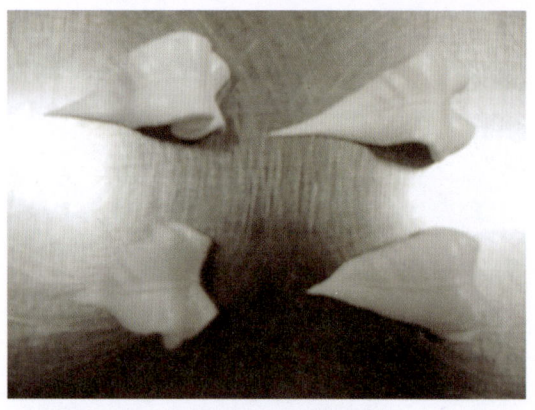

图6-4-16 叶片图案

图6-4-17 波浪图案

图6-4-18 点花图案

图6-4-19 卷纸手法

☞**注意点** ◇ 装料：裱花袋内装料不要太满，60％即可，上口包紧，不让裱料溢出（如图6-4-20所示）。

◇ 剪口：根据线条、花纹的粗细剪去纸卷的尖部（如图6-4-21所示）。

图6-4-20 装料包紧

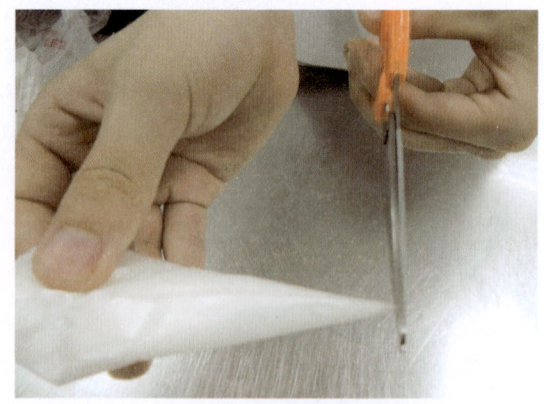

图6-4-21 剪口

◇ 手势：用拇指、食指、中指（略似写毛笔的手势）捏住纸卷挤料、裱形（如图6-4-22所示）。

图 6-4-22 写字手势

◆ 使用纸卷裱挤的各种图案（如图 6-4-23、图 6-4-24 所示）。

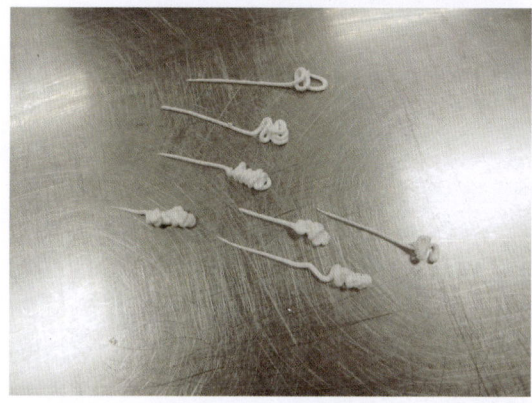

图 6-4-23 拉花线

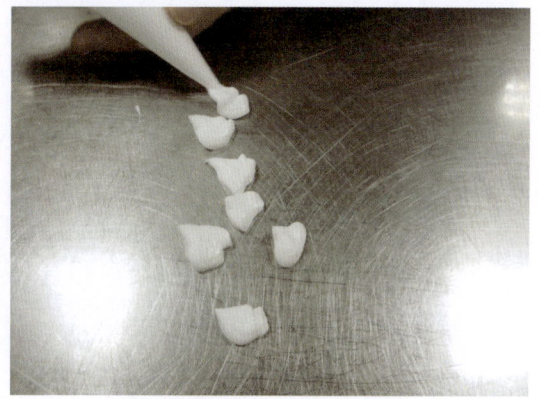

图 6-4-24 拉叶片

◆ 裱挤质量要求：线条和花纹要流畅、匀滑。

步骤 4 抹面与裱形结合

◆ 在抹面的基础上利用转盘裱挤打边（如图 6-4-25 所示）。
◆ 在抹面的基础上设计裱挤图案（如图 6-4-26 所示）。

图 6-4-25 打边

图 6-4-26 裱挤图案

注意点 ◆ 打边：波浪线条要流畅、匀滑、大小一致；手与转盘的转动配合得当（如图6-4-27所示）。

◆ 图案：表面平整、布局合理、饱满匀称（如图6-4-28所示）。

图6-4-27 打边配合得当　　　　　　　图6-4-28 图案合理

◆ 文字：文字使用恰当，排列合理（如图6-4-29所示）。

图6-4-29 文字恰当

 小知识

装饰的基本要求

（1）装饰材料：鲜奶油、植脂奶油、巧克力、新鲜果品、罐头制品等。

（2）裱花线条要流畅、匀滑。

（3）蛋糕装饰要注重观赏价值的一面，但更不能忽视其丰富的食用价值和营养价值，在装饰材料、色泽、方法等方面应着重考虑食用价值的重要性。

（4）不同要求的蛋糕应具有不同的特色，如一般的婚礼蛋糕多以代表纯洁的白色为基调，再配以鲜艳的色彩（如图6-4-30所示）。制作儿童节蛋糕时，色彩要丰富些，使蛋糕显得活泼(如图 6-4-31 所示)。制作巧克力蛋糕时多以巧克力本色为基调,运用近似色的装饰,使蛋糕显得庄重、雅而不俗(如图 6-4-32 所示)。

图 6-4-30 婚礼蛋糕

图 6-4-31 儿童节蛋糕

图 6-4-32 巧克力蛋糕

(5)装饰具有特定内容的蛋糕时,要根据不同国家和地区的习惯,根据特定内容的对象、用途、主题进行装饰。例如,复活节、感恩节、圣诞节等都有不同的制作要求,不同的国家、地区有不同的风俗,不同性别、不同年龄、不同层次的顾客都有不同的要求,这些内容在制作装饰中都需要考虑周到,以避免发生不必要的误会。

蛋糕的构思和布局

(1)构思:构思是蛋糕艺术创作中的前期准备,是创作前的立意。通过对蛋糕造型的目的、食用者的情感和愿望等情况进行分析,明确创作主题,确定创作用料和相应的表现形式,同时还要考虑与食品造型相适宜的容器(模具)配备和紧扣创意的制品名称。通过构思,确立了蛋糕造型的主题、主导色彩和色调,选定了适宜的原材料和表现内容及手法,便可进入造型的布局阶段。

(2)布局:布局在美术工艺中又称构图,它是在构思的基础上,对食品的整体造型进行设计,包括图案、造型的用料、色彩、形状大小、位置分配等内容的安排和调整。构图在蛋糕

造型艺术中是一门重要的基础知识,它广泛存在于工作实践中,每个蛋糕的艺术造型、布局等都离不开构图原理和技法。构图的方法有多种,如平行垂线构图、平行水平线构图(如图6-4-33所示)、十字对角构图(如图6-4-34所示)、三角形构图及起伏线、对角线、螺旋线、"S"形等各种形式线的综合运用,都以不同的形式美给人以艺术的享受。

图6-4-33　平行水平线构图

图6-4-34　十字对角构图

　　以下是蛋糕造型布局中需注意的几点:① 图案设计要有主次,在突出主题内容的同时,要注意次要内容与主要内容的呼应,以保持造型图案的完整性(如图6-4-35所示)。② 图案内容要疏密适当,疏就是要使图案的某些部分宽畅,留有一定的空间,密就是使图案的某些部分紧凑集中。在图案布局时既要防止布局稀稀拉拉、零乱分散,又不能使布局拥挤闭塞、密不透风。只有疏密互相对比,互相映衬,才能使图案收到既变化又统一的效果(如图6-4-36所示)。③ 要处理好食品的装饰、裱形、雕塑等工艺,使食品造型图案形成具有审美意义的艺术作品。能否处理好图案内容的对比关系,是造型布局中的一个重要问题。图案中的对比包括造型过程中原料与原料之间的对比关系,色彩之间的对比关系及各图案间的大小、高低、长短、粗细、曲直、圆扁、动静等方面的对比。在制作实践中,如果能处理好这些关系,就能使食品造型图案的主题更突出,层次更清楚,色彩更明朗,图案更生动活泼(如图6-4-37所示)。

图6-4-35　主次适当

图6-4-36　疏密适当

图 6 - 4 - 37　构思、布局合理

　　在构思、布局的基础上,将进入食品造型的制作阶段。这一阶段,通过对食品的装饰、裱形、雕塑等工艺,使食品造型图案形成具有审美意义的艺术作品。

思考与练习

　　1. 抹面、裱形的质量要求是什么?

　　2. 抹面、裱形时应注意哪些问题?

　　3. 抹面、裱形结合操作的要求是什么?

 产品名称

 **节庆蛋糕**

方法与步骤

基本操作步骤描述

制作蛋糕坯→夹层→抹面→打边→裱形、点缀。

步骤1　制作八吋蛋糕坯

◆ 清蛋糕制作中已经讲述(如图6-4-38所示)。

步骤2　节庆蛋糕制作夹层、抹面

◆ 蛋糕坯破层：剖层均匀准确(如图6-4-39所示)。

图6-4-38　八吋蛋糕坯的制作过程

图6-4-39　蛋糕坯破层

◆ 植脂奶油的打发(如图6-4-40所示)。

☞**注意点**　◈ 植脂奶油的打发方法：开始用慢速,然后再慢慢增加速度。

◈ 植脂奶油的打发程度控制：打至有凝固现象,带钩、打发细腻、有光泽(如图6-4-41所示)。

图6-4-40　倒入植脂奶油

图6-4-41　植脂奶油打发程度

◆ 夹料配比均匀：用抹刀均匀抹上鲜奶油,叠放整齐(如图6-4-42所示)。
◆ 用抹刀抹上鲜奶油(如图6-4-43所示),抹蛋糕坯的平面(如图6-4-44所示)和垂直面(如图6-4-45所示),手与转盘的转动相配合,使蛋糕坯的平面和垂直面平整,不露蛋糕坯。

图6-4-42　夹料配比均匀

图6-4-43　抹鲜奶

图6-4-44　抹平面

图6-4-45　抹垂直面

☞**注意点**　◎　使蛋糕表面光滑均匀,达到端正、平滑、圆整、顶面与蛋糕侧边垂直、不露糕坯的要求(如图6-4-46所示)。

图6-4-46　抹面完成

图6-4-47　打边

步骤3　打边

(如图6-4-47所示)。

步骤4　裱形

◆ 根据前面的设计进行制作：裱花袋套上相应的裱花嘴,裱花纹、图案(如图6-4-48

所示),配以色彩(淡雅、协调为好)(如图6-4-49、图6-4-50所示)。

图6-4-48 裱图案

图6-4-49 节庆蛋糕

图6-4-50 节庆蛋糕

步骤5 点缀

◆ 蛋糕基本成型后,把各种不同的可食用制品或干、鲜果品,按照不同造型的需要,摆放在蛋糕表面的恰当位置,以体现和增强裱花蛋糕的观赏性(如图6-4-51、图6-4-52所示)。

图6-4-51 奶油鲜花装饰

图6-4-52 鲜果装饰

节庆蛋糕的质量要求：

◆ 色泽：鲜奶油有光泽、色素使用正确、色彩搭配恰当。

◆ 形态：节庆主题突出、线条流畅、端正无缺损。

◆ 口感：奶香味、甜度适中、鲜奶油打发细腻。

◆ 夹层：剖层均匀正确、夹料配比均匀。

◆ 质感：坯松软、细腻、气孔均匀。

小知识

色彩的合理运用

1. 色的原色

红、黄、蓝，并可利用它们调色（如图 6-4-53 所示）。

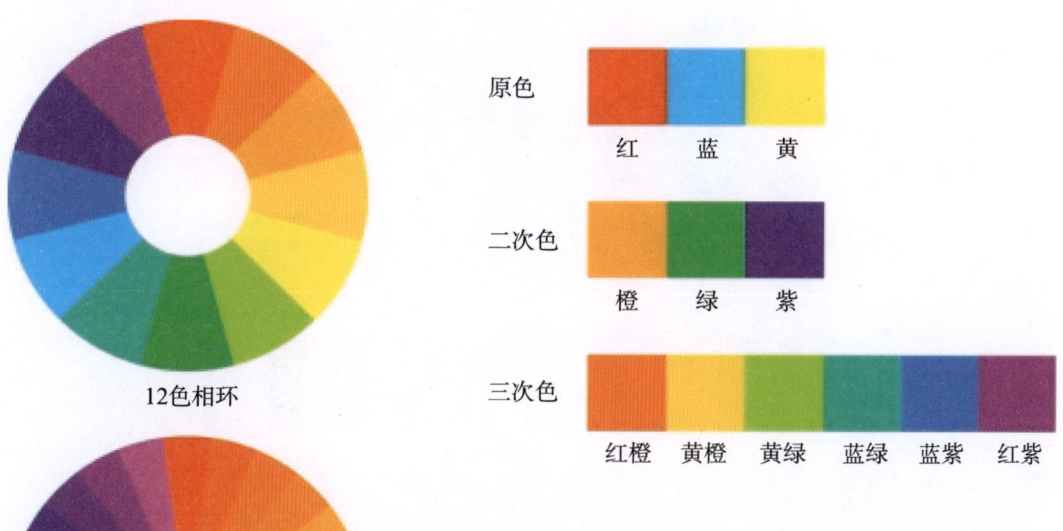

说明：

色相环是由原色、二次色和三次色组合而成。

色相环中的三原色是红、黄、蓝，在环中形成一个等边三角形。

二次色是橙、紫、绿，处在三原色之间，形成另一个等边三角形。

红橙、黄橙、黄绿、蓝绿、蓝紫和红紫六色为三次色。

三次色是由原色和二次色混合而成。

图 6-4-53 三原色及调色

2. 色的属性

（1）色相：即色的相貌。世界上千千万万的色彩大致可分为两类：一类如黑、白、灰——不着彩的色，为无彩色；另一类如红、橙、黄、绿、青、蓝、紫——着彩色，为有彩色（如图

6-4-54所示)。

(2)明度:即色的明亮程度。黑最暗,白最亮,灰为中明度,由黑到灰至白排列,中间可分出明度不同的许多灰色(如图6-4-55所示)。有彩色红、橙、黄、绿、青、蓝、紫各自明亮程度不同,如果它们分别与无彩色明度系列相调和,又可得出无数明度不同的色。

(3)纯度:色彩的多少程度为纯度,对有彩色来说也称为彩度。纯度最高的色为纯色,越接近纯色纯度就越高,离纯色越远纯度就越低(如图6-4-56所示)。

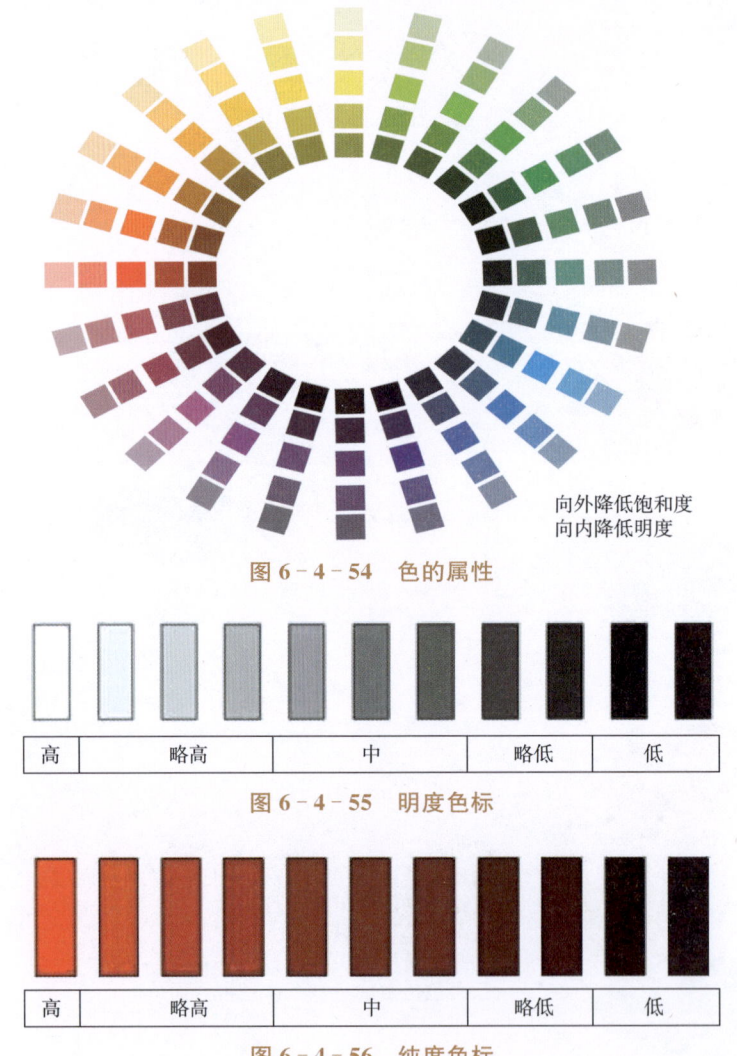

向外降低饱和度
向内降低明度

图6-4-54 色的属性

高	略高		中		略低	低

图6-4-55 明度色标

高	略高		中		略低	低

图6-4-56 纯度色标

3. 色调

(1)暖色:指含有红、黄、橙占70%以上的颜色,明度高(如图6-4-57所示)。

(2)冷色:指含有蓝、绿、紫占65%以上的颜色,明度低(如图6-4-58所示)。

图 6-4-57 暖色　　　　　　　　　　　　　　　图 6-4-58 冷色

（3）中性色：指黑、白、灰，金、银色属调和色，中明度（如图 6-4-59 所示）。

4. 色彩特性

（1）冷暖感觉：明度高的暖色给人以向外散射和膨胀的感觉；明度低的冷色给人以向内紧缩的感觉（如图 6-4-60 所示）。

图 6-4-59 中性色　　　　　　　　　　　　　　图 6-4-60 冷暖对比

（2）动静感觉：向外性的暖色给人以动的和兴奋的感觉；向内性的冷色给人以沉静的感觉。彩度越高该特性越明显，彩度越低，该特性越弱（如图 6-4-61 所示）。

5. 色彩设计

色彩在裱花蛋糕的实践运用中也非常重要，要求裱花师懂得必要的色彩运用知识，运用色彩的装饰原理进行合理的搭配，能够正确理解色彩的冷、暖特性，掌握主体色、次要色、配色，掌握主题色的运用关系，更加有利于蛋糕的设计制作（如图 6-4-62 所示）。

（1）主体色：是指裱花蛋糕色彩装饰的总体控制色彩，即色调定位。

（2）次要色：裱花蛋糕小面积装饰协调色。

（3）配色：局部装饰的点、线色彩。

图 6 – 4 – 61　动静结合

图 6 – 4 – 62　合理的色彩设计

评价要素

节庆蛋糕评分表

项目		评价要素	配分	得分
过程评分	1	卫生：操作中台面干净、卫生；结束后操作台整理干净、卫生；地面整理干净、卫生。	5	
	2	搅拌：投料顺序正确；准确掌握搅拌时间；准确掌握搅拌速度。	5	
	3	操作：无场外带入拌好的面糊；正确搅拌鲜奶；正确操作手法抹面。	5	
	4	成型：正确的裱挤手法成型；正确的装饰成型方法；按产品要求准确选用模具成型；手法正确。	5	
结果评分	5	色泽：本色或自然色泽；奶油（鲜奶）光泽；准确掌握色素的使用量。	12	
	6	形态：端正、平整、圆整；线条流畅匀滑；符合节庆主题、布局合理。	16	
	7	口味：奶香味；糕坯甜度适中；糕坯松软细腻。	12	
	8	夹层：准确掌握剖层；糕坯和夹料配比均匀；剖层均匀。	20	
	9	质感：坯松而润软；坯细腻；奶油细腻。	20	
合　　计			100	

思考与练习

1. 在节庆蛋糕制作中如何合理运用色彩？
2. 植脂奶油打发时应注意哪些问题？

产品名称

　　生日蛋糕

方法与步骤

基本操作步骤描述

制作蛋糕坯→夹层→抹面→打边→裱形、点缀。

步骤1　制作八吋蛋糕坯

◆ 清蛋糕制作中已经讲述(如图6-4-63所示)。

图6-4-63　准备蛋糕坯

步骤2　生日蛋糕制作夹层、抹面

◆ 同节庆蛋糕。

步骤3　打边

◆ 同节庆蛋糕。

步骤4　裱形

◆ 根据前面的设计进行制作:裱花袋套上相应的裱花嘴,裱花纹、图案(如图6-4-64所示)。

配以色彩(淡雅、协调为好)(如图6-4-65、图6-4-66所示)。

图 6-4-64 裱图案

图 6-4-65 生日快乐

图 6-4-66 寿比南山

步骤 5 点缀

◆ 蛋糕基本成型后,把各种不同的可食用制品或干、鲜果品,按照不同造型的需要,摆放在蛋糕表面的恰当位置,以体现和增强裱花蛋糕的观赏性(如图 6-4-67、图 6-4-68 所示)。

图 6-4-67 制品装饰

图 6-4-68 鲜果装饰

生日蛋糕的质量要求：

◆ 色泽：鲜奶油有光泽、色素使用正确、色彩搭配恰当。

◆ 形态：生日主题突出、线条流畅、端正无缺损。

◆ 口感：奶香味、甜度适中、鲜奶油打发细腻。

◆ 夹层：剖层均匀正确、夹料配比均匀。

◆ 质感：坯松软、细腻、气孔均匀。

 小知识

生日蛋糕的由来

中古时期的欧洲人相信，生日是灵魂最容易被恶魔入侵的日子，所以在生日当天，亲人朋友都会齐聚身边给予祝福，并且送蛋糕以带来好运驱逐恶魔。

生日蛋糕，最初是只有国王才有资格拥有的，流传到现在，不论是大人或小孩，都可以在生日时买个漂亮的蛋糕，享受众人给予的祝福（如图6-4-69所示）。

在生日聚会上还一定要有插点燃着的蜡烛的生日蛋糕。这可能是源于古希腊用插着一支蜡烛的一个圆形蜂蜜蛋糕来拜祭月亮和狩猎之神阿尔特忒斯的习俗。德国的面包师在中世纪发明了现代的生日蛋糕以后，人们就采用了一种类似的习俗，在生日那天祈求福神。早上做好的蛋糕点上一圈蜡烛，像是一个保护性的火环。蜡烛整天都点着，一直点到晚饭吃甜点的时候（如图6-4-70所示）吃掉。

图6-4-69　生生不息

图6-4-70　心想事成

吹蜡烛的习惯也许跟生日蜡烛的双重意义有关。有人相信每一个生日都表示离死亡又近了一步。我们在生日聚会上庆祝的不仅是我们的成长，还有生命的短暂。因此，生日蜡烛象征着双重含义：生命与死亡，希望与恐惧，得到与失去等。

评价要素

生日蛋糕评分表

项目		评价要素	配分	得分
过程评分	1	卫生：操作中台面干净、卫生；结束后操作台整理干净、卫生；地面整理干净、卫生。	5	
	2	搅拌：投料顺序正确；准确掌握搅拌时间；准确掌握搅拌速度。	5	
	3	操作：无场外带入拌好的面糊；正确搅拌鲜奶；正确操作手法抹面。	5	
	4	成型：正确的裱挤手法成型；正确的装饰成型方法；按产品要求准确选用模具成型；手法正确。	5	
结果评分	5	色泽：本色或自然色泽；奶油（鲜奶）光泽；准确掌握色素的使用量。	12	
	6	形态：端正；平整、圆整；线条流畅匀滑；符合生日主题、布局合理。	16	
	7	口味：奶香味；糕坯甜度适中；糕坯松软细腻。	12	
	8	夹层：准确掌握剖层；糕坯和夹料配比均匀；剖层均匀。	20	
	9	质感：坯松而润软；坯细腻；奶油细腻。	20	
合　　计			100	

思考与练习

1. 谈谈在你生日那天一件有意义的事。
2. 生日蛋糕制作过程中应注意哪些问题？

项目七 任务拓展

任务一 焙烤设备的维护和保养技能

随着现代食品工业的发展,焙烤设备越来越多,使用也越来越频繁,了解并掌握焙烤设备的使用方法及掌握焙烤设备的维护和保养技能也是必备的知识要求。

在焙烤食品制作中使用的焙烤设备很多,主要有成熟设备、机械设备和恒温设备。

西式面点制作中常用的成熟设备主要有电烤箱、燃气灶、油炸炉、微波炉等。

西式面点制作中常用的机械设备主要有搅拌机、酥皮机、切片机、成型机及各种新型食品专用设备等。

西式面点制作中常用的恒温设备主要是面团醒发箱和冰箱。

为保证焙烤产品质量,保护操作人员的安全,保证各种设备的正常使用,我们必须建立"三分使用,七分保养"的理念,来合理延长各种设备的使用寿命,保障安全。

通过对本拓展项目的学习,我们可掌握各种设备的特点,学会各种设备的使用方法,掌握设备的维护及保养知识。

能 力 目 标

- 了解各种焙烤设备的主要结构及部件
- 掌握各种焙烤设备的日常维护知识
- 掌握各种焙烤设备的定期保养知识

第一部分　成熟设备的使用及保养

 任务描述

　　焙烤所用的成熟设备主要是指电烤箱、燃气灶、油炸炉及微波炉等,其中电烤箱是类别最多的,型号、规格各不相同,使用较为复杂。同时,电烤箱是焙烤食品制作中使用最为频繁的成熟设备,平时的维护及保养也最为重要。

　　通过学习,我们对各种成熟设备都应有所了解,其中,我们对电烤箱的主要结构及部件、维护及保养和电烤箱的使用方法应做主要的掌握。

 任务分析

　　以工作中较为常用的层式烤炉(平炉)为例,分析平炉的基本结构及工作原理,平炉的外部仪表的操作、产品烘烤的基本要求、温度及时间的基本控制、烤后设备的冷却要求及设备日常维护及保养方法。

　　规范的操作方法及认真的维护保养习惯是保证产品质量及保证设备正常运转的基本要求。

 电烤箱的使用

方法与步骤

基本操作步骤描述

一、电烤箱的外部仪表使用

　　电烤箱的仪表盘有罗盘式和数字式两种,一般具有设置温度显示、实际温度显示、烘烤时间设置显示、计时显示、蒸汽喷射设置显示等基本设置,以下以数字式显示为例(如图7-1-1所示)。

　　1. 温度设置

　　现代电烤箱的温度控制基本都是上下温分别控制,这样能保证不同制品对不同烘烤温度的需要。数字式温控仪具有识别方便的特点,上下温设置方法是相同的,步骤如下。

步骤1 按项目选择按钮,选定上(下)温度设置,分别按烘烤制品的需要,设置上火温度、下火温度(如图7-1-2所示)。

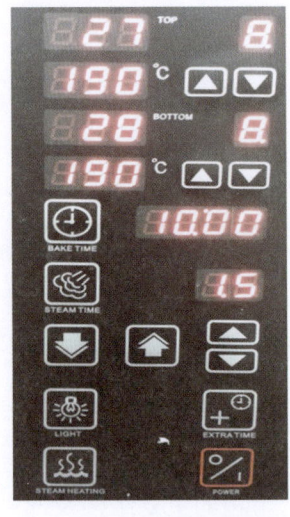

图7-1-1 仪表盘

图7-1-2 炉温的控制

步骤2 观察红色和绿色温度数值栏,我们可以看到,红色的数值是电烤箱内的实际温度,绿色的数值表示已设定的温度,随着时间的推移,红色温度数值逐渐向设定温度值靠拢(如图7-1-3所示)。

步骤3 当红色和绿色温度值相同或基本相同的时候,表明电烤箱的温度预热已经完成,可以放置制品开始烘烤(如图7-1-4所示)。

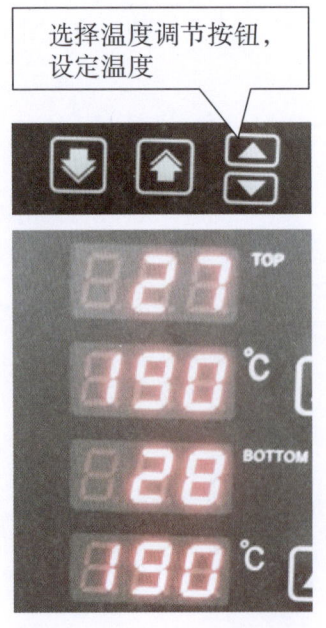

图7-1-3 炉温的控制

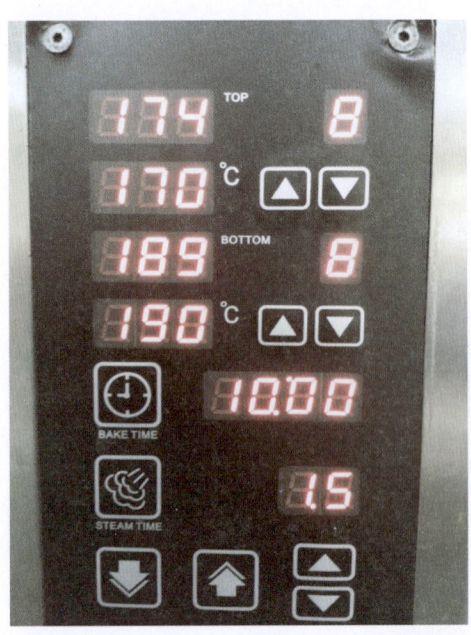

图7-1-4 炉温的控制

2. 时间设置

在制品烘烤阶段,有时间控制及提醒装置的电烤箱能带来更高的工作效率,同时也能为保证产品质量提供极大的方便。烘烤时间提醒装置的使用也很重要。

步骤1　按项目选择按钮,选定时间设置,按钮设定制品烘烤所需的时间(如图 7-1-5 所示)。

步骤2　在放置制品生坯后,按时间计时按钮,我们可以看到设定的时间数值开始倒计时(如图 7-1-6 所示)。

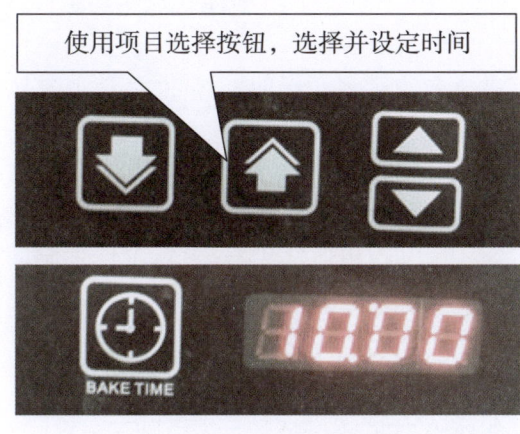

图 7-1-5　时间的控制

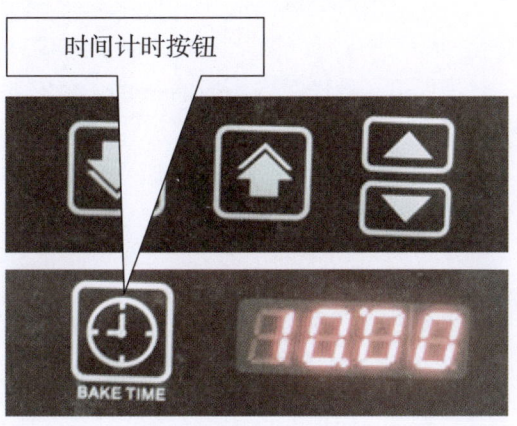

图 7-1-6　时间的控制

步骤3　当倒计时数值归零时,电烤箱内部会有"警报"声提醒,操作人员应及时观察烘烤制品,是否需要及时出炉或继续烘烤。

步骤4　如遇制品需继续烘烤时,我们可以重复上述时间设置步骤。

3. 灯光

一般电烤箱内有内置灯光,它能帮助我们观察炉膛内制品的烘烤状态。灯光的显示一般是自动及手动。

步骤1　自动打开,当设置时间的烘烤阶段结束时,电烤箱内置灯光会自动打开,帮助我们观察制品烘烤状态。

步骤2　手动设置,在面板上按灯光按钮,烤炉内置灯光会打开,可以帮助我们观察制品烘烤状态(图 7-1-7 所示)。

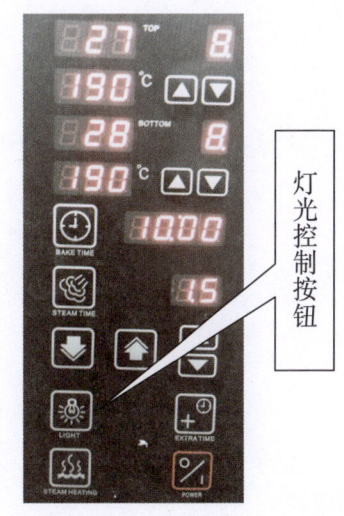

图 7-1-7　灯光的控制

二、电烤箱的内部结构

电烤箱内的发热装置和底板是保证制品成熟的关键装置。

一般电烤箱内的底板有金属板、砖板和大理石板等,不同的底板对制品成熟会产生不同的影响,相对来说,金属板传热快,制品能较快成熟;砖板和大理石板传热更均匀,烘烤制品效果会更好。

电烤箱内上下的发热装置是热能的来源,承担着不同的传导热、对流热及辐射热的产生,是保证制品成熟的关键装置。常用的发热装置材料有电热管和电热丝。电热管和电热丝的发热原理相同,但发热效果有差异,对制品烘烤有不同影响。

三、电烤箱的维护与保养

1. 维护

步骤1 初次使用电烤箱前应详细阅读使用说明书,避免因使用不当发生事故。

步骤2 根据制品的工艺要求合理选择烘烤时间。在烘烤过程中,要注意观察制品外表变化,及时进行温度调整。防止制品烤糊、烤焦。

步骤3 电烤箱内不宜直接倒入液态物质,防止液态渗透到底部的发热装置,造成发热装置损坏。

步骤4 电烤箱使用完毕应立即关闭电源,温度下降后要清理电烤箱内的残留物。

2. 保养

注重对电烤箱的保养,能保证设备的正常使用,延长电烤箱的使用寿命,也是保证制品质量的重要手段。

步骤1 保持电烤箱的清洁,但清洗时不宜用水,以防电器受潮漏电。

步骤2 保持电烤箱内的干燥,不要将潮湿的用具直接放入电烤箱内。

步骤3 如长期停用电烤箱,应将电烤箱的内外擦洗干净,用塑料罩罩好并放置在干燥通风处。

第二部分 机械设备的使用及保养

 任务描述

焙烤用机械设备主要是指搅拌设备、成型设备及恒温设备。

常用的搅拌设备主要有面包面团搅拌机、多用途搅拌机和小型打蛋机;常见的成型设备有酥皮机、切片机、面团成型机;恒温设备主要是指醒发箱和冰箱。

通过学习,我们应对各种机械设备都有所了解,其中,对搅拌机、酥皮机、切片机及醒发箱的主要结构及部件、维护及保养使用方法做主要的掌握。

 任务分析

在工作中,各种机械设备帮助我们减轻了工作强度,同时各种不同机械设备的操作方法不同,对操作人员的能力要求也较高,掌握不同设备的操作方法,了解各种机械设备的维护及保养知识对于保证生产和保护职工的安全有重要意义。

 机械设备的使用

方法与步骤

基本操作步骤描述

一、搅拌机的使用与维护保养

搅拌机是焙烤制品制作中使用的主要机械,一般有面包面团搅拌机、多功能搅拌机和小型打蛋机三种类型。较常用的为多功能搅拌机(如图 7-1-8 所示)。

1. 搅拌机的使用

步骤1 使用搅拌机前应了解设备的性能、工作原理和操作规程,严格按规程操作。

步骤2 搅拌机不能超负荷使用,应避免长时间不停地运转。

步骤3 搅拌机使用前应先检查各部件是否完好,待确认后,方可开机操作。

步骤4 如搅拌机不是自动变速箱的,设备运行过程中不能强行扳动变速手柄而改变转速,否则会损坏变速装置和传动部件(如图7-1-9所示)。

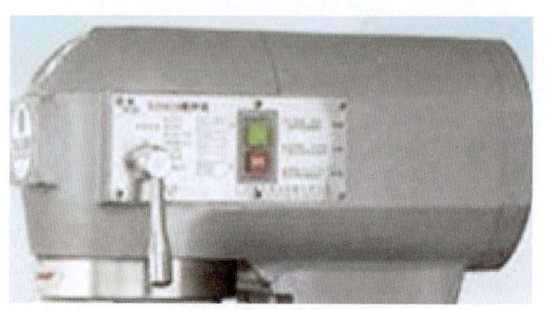

图7-1-8 搅拌机   图7-1-9 搅拌机变速箱

步骤5 在设备运行过程中发现或听到异常声音时应立即停机检查,排除故障后才可再继续操作。

步骤6 设备上不要放置杂物,以免异物掉入机械内损坏设备(如图7-1-10所示)。

图7-1-10 不要在搅拌机上放置异物

2. 搅拌机的维护保养

步骤1 有变速箱的设备应及时补充润滑油,保持一定的油量,减少摩擦,避免齿轮磨损。

步骤2 要定期对设备的主要部件、易损部件、电动机进行维修检查。

步骤3 经常保持机械设备的清洁,对设备外部清洁时可用弱碱性温水擦洗,清洗时要切断电源,防止事故发生。

二、酥皮机的使用与维护保养

酥皮机具有擀制面团的功效,能将面团擀制成我们所需厚度的坯料,一般用于擀制混酥面团及清酥面团,且操作方便。它能帮助我们提高制品质量,提高工作效率(如图 7 - 1 - 11 所示)。

图 7 - 1 - 11 酥皮机

1. 酥皮机的使用

步骤 1 使用前先检查轧辊是否干净(如图 7 - 1 - 12 所示)。

图 7 - 1 - 12 酥皮机的轧辊

步骤 2 启动电机,检查轧辊旋转方向是否符合标志方向。

步骤 3 压面操作时,先启动机器,再转动调距手柄,使两轧辊间距达到所需的距离。

步骤 4 严禁硬质杂物混入面坯内,以免损坏机件。

2. 酥皮机的维护保养

步骤 1 日常工作完毕后应对酥皮机的上下刮板、上下滚轮、面团承接板、输送带进行清洁。

步骤 2 经常对酥皮机各传动系统进行上油保养。

步骤 3 经常对酥皮机输送带的松紧度与跑偏度进行检查。

三、切片机的使用与维护保养

切片机是运用一组排列均匀的刀片的机械运动,对制品进行切片加工的机械设备。切片机可以对吐司面包进行切片加工,也可以对没有果料的油脂蛋糕进行切片加工。运用切片机

图 7 - 1 - 13 切片机

加工的制品具有厚薄均匀、切面整齐的特点(如图 7-1-13 所示)。

1. 切片机的使用

步骤 1　机器工作时放置平稳,不可使整机在晃动下工作。

步骤 2　保持刀片的清洁卫生。

步骤 3　切片机不能切带有硬质果料的面包及蛋糕,防止刀片损坏。

2. 切片机的维护保养

步骤 1　日常工作使用完毕要对切片机进行清洁,扫除面包、蛋糕的碎屑。

步骤 2　经常对切片机的刀片进行维护保养,保证刀片的锋利。

四、醒发箱的使用与维护保养

醒发箱的工作原理是靠电热将水槽内的水加热蒸发,使发酵面团等在一定的温度和湿度下充分地发酵、膨胀。醒发箱按能否自动补水可分为自动醒发箱和半自动醒发箱两类,按大小分为醒发箱和醒发房等多种规格(如图 7-1-14 所示)。

图 7-1-14　醒发箱

1. 醒发箱的使用

步骤 1　半自动醒发箱,使用前要给醒发箱底盘水槽内加水。使用时水槽内不可无水干烧,否则设备会遭到严重的损坏。

步骤 2　开启电源开关,将温度、湿度调至所需值,预热。

步骤 3　使用完毕,要及时关闭电源。

步骤 4　控制好醒发箱的湿度,从醒发箱玻璃窗上可以观察醒发箱的湿度状态,如水汽快速下淌表示湿度过高;玻璃上无水汽,表示湿度过低。

2. 醒发箱的维护保养

步骤 1　应定期对醒发箱进行清洁,保持卫生,要使用中性的清洁剂清洁,严禁使用带腐蚀性的酸、碱或是带毒性的清洁剂进行清洗。

步骤 2　醒发箱停止使用时应切断电源,长时间停用或是进行维修保养时,应首先切断电源并拔下电源插头,需要维修时必须请合格的维修人员进行安装维修。

任务二　制作焙烤食品的安全与营养技能

　　焙烤食品的安全与营养是食品科技中的新兴领域，不安全的食品不仅影响人体健康、生命，甚至还可能影响子孙后代。随着人民生活水平的提高以及国际贸易的增多，食品安全与营养问题越来越受到人们的重视，预防与控制焙烤食品中存在的潜在危险，确保食品安全与营养是人们共同努力的目标。

　　烘焙食品是人们生活所必需的，它具有较高的营养价值，应时适口，无论是面包还是蛋糕，在品种上都是丰富多彩、不断推陈出新的。除传统的普通烘焙食品外，近些年又出现了强化营养、注重保健功能的烘焙制品。例如：荞麦保健蛋糕、螺旋藻面包、高纤维面包、全麦面包、钙质面包、全营养面包等，既可以在饭前或饭后作为茶点品味，又能作为主食吃饱，满足多种消费者的不同需要。

　　通过本拓展项目的学习，让学生知道化学、生物性污染对焙烤食品安全的影响，合理运用焙烤食品生产过程中的安全控制方法，掌握焙烤食品的营养价值和营养平衡，使焙烤食品向着更安全、更营养的方向发展。

能　力　目　标

- 能安全合理地选择焙烤食品原料
- 能合理运用焙烤食品生产过程中的安全控制方法
- 能掌握焙烤食品的营养价值和营养平衡

第一部分　焙烤食品安全

任务描述

世界卫生组织（WHO）在 1996 年对食品安全给出的定义为：对食品按其原定用途进行制作和食用时不会使消费者受害的一种担保，它主要是指在食品的生产和消费过程中没有达到危害程度的一定剂量的有毒、有害物质或因素的加入，从而保证人体按正常剂量和以正确方式摄入这样的食品时不会受到急性或慢性的危害，这种危害包括对摄入者本身及其后代的不良影响。

图 7-2-1　警惕！食品安全

目前焙烤食品算是相对比较安全的一类食品，可能存在的危害主要是来源于原料及加工过程中可能添加的有害添加剂，特别是非法添加的违禁添加剂。比如色素、甜味剂糖精钠、防腐防霉剂，还有加入的非正常食用油甚至矿物油等。此外，特别是部分湿度较高的焙烤食品如糕点中的微生物是食品安全的主因。

通过学习，我们能知道主要焙烤食品原料的质量卫生要求，能知道化学、生物性污染对焙烤食品安全的影响，能合理运用焙烤食品生产过程中的安全控制方法，知道食品安全的重要性（如图 7-2-1 所示）。

任务分析

以焙烤食品原料选择及质量卫生要求为切入点，讨论化学、生物性污染对焙烤食品安全的影响，做好焙烤食品原料、辅料的安全管理及焙烤食品生产过程的安全管理。

焙烤食品安全控制

方法与步骤

基本操作步骤描述

一、主要焙烤食品原料、辅料的质量卫生要求

1. 原料的选择

步骤 1　注意有毒有害成分的控制。

采购的食品原材料必须符合有关的卫生标准或规定。肉、禽类原料要采用来自非疫区的健康畜禽,宰后经检验合格后方可使用。食品添加剂必须符合有关的质量标准。

步骤2　选择新鲜状态、无公害、绿色食品原料。

果蔬类原料要采用新鲜、成熟适度、无病虫害、无腐烂的鲜果、蔬菜。干制的原料应干燥、无虫蛀。例如,良好鲜蛋壳上有白霜,清洁完好,照光透明,气室小,蛋黄略有阴影,无斑点,打开后蛋黄突起(如图7-2-2所示)。冰蛋融化后,液体黄色均匀,无异味及杂质。咸蛋外观蛋壳完整,无霉斑,摇之有轻度水荡漾感,照光蛋白透明,红亮清晰,蛋黄缩小,靠近蛋壳,打开后蛋白稀薄透明无色,蛋黄浓缩呈红色,煮熟后蛋黄有油脂并有沙感,具香味。皮蛋外层包料完整,无霉味,摇晃无动荡声,凝固不动,打开时蛋白凝固、有弹性。纵剖面蛋黄淡褐、淡黄,中央部稍稀软,芳香无辛辣味。鸡蛋黄粉呈粉状或极易松散块状、黄色均匀,无异味和杂质。鸡蛋白片呈晶片状或碎屑状,浅黄色,无异味和杂质。

图7-2-2　新鲜鸡蛋

2. 焙烤食品的基础原料亟待提高

国内市场上虽然有各种各样的专用粉,但这些粉大部分都没有具体分类,一般只是按照价格分为诸如特级面包粉、一级面包粉等,没有使专用粉真正达到"专用";而国外已经实现了专用粉的市场细化,市场上专用粉主要有面包粉、饼干粉等15大类产品。

国内油脂档次主要集中在低档,部分合资厂家的高档产品由于原料依赖进口,产品价格偏高,市场占有率低。目前我国大量生产和普遍使用的酵母是即发性的干酵母,而发达国家主要使用鲜酵母,"干""鲜"之别,对于焙烤食品的品质有着重大影响。

二、化学、生物性污染对焙烤食品安全的影响

1. 食品添加剂对焙烤食品安全的影响

步骤1　食品添加剂概述。

食品添加剂是为改善食品色、香、味等品质,以及为满足防腐和加工工艺的需要而加入食品中的化学物质或者天然物质。

食品添加剂大大促进了食品工业的发展,并被誉为现代食品工业的灵魂。它的主要作用有:防止食品腐败变质,延长食品的保存期;可以明显提高食品的感官质量;可以保持提高食品的营养价值,促进营养平衡;满足人们的不同需求。

步骤2 焙烤食品常用添加剂简介。

色素、乳化剂、增稠剂、香精香料、面粉改良剂、面包改良剂、蛋糕改良剂等是焙烤食品加工中平衡食品营养、改善食品加工品质、延长食品保质期必不可少的基础配料。因此研制规格化、专业化焙烤食品的基础原料和新型高效的食品添加剂对于增加我国焙烤食品的花样品种、提高其整体质量档次以及安全性是非常重要的。

步骤3 食品添加剂的毒性与危害：致癌、致畸、致突变。

部分企业把价格低廉的不是食品添加剂的物质成分认为是食品添加剂、或未正确掌握添加剂的使用方法、超范围超量使用，不仅降低了产品品质，还给食用者的健康带来严重的威胁。

步骤4 正确认识、使用食品添加剂。

公众谈食品添加剂"色变"，更多的原因是混淆了非法添加物和食品添加剂的概念，把一些非法添加物的罪名扣到食品添加剂的头上显然是不公平的。需要严厉打击的是食品中的违法添加行为，迫切需要规范的是食品添加剂的生产和使用问题。食品添加剂的使用存在一些问题，比如来源不明，有毒有害成分的混入，最容易产生的问题是滥用（如图7-2-3所示）。因此要按照食品安全法要求规范使用。

图7-2-3 滥用食品添加剂

2. 生物性污染对焙烤食品的安全影响

步骤1 细菌对焙烤食品的安全影响。

细菌性污染是涉及面最广、影响最大、问题最多的一种污染。相关分析认为，在焙烤食品的加工、储存、运输和销售过程中，原料受到环境污染、杀菌不彻底、贮运方法不当以及不注意卫生操作等都是造成细菌和致病菌超标的主要原因。

沙门氏菌感染是一种食源性疾病，对婴幼儿和老年人危险较大。干性宠物食品是鲜为人知的沙门氏菌源头之一，特别容易导致小儿生病（如图7-2-4所示）。

图 7-2-4　宠物饼干会增进幼儿感染沙门氏菌的风险

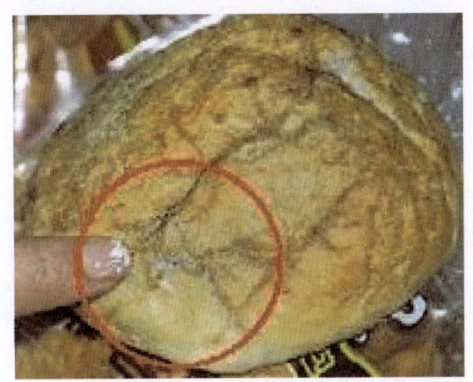

图 7-2-5　面包发霉

步骤 2　霉菌对焙烤食品的安全影响。

焙烤食品营养丰富，易受到微生物污染而发霉变质（如图 7-2-5 所示），因此需要在蛋糕、面包等焙烤食品中应用焙烤保鲜剂，采用先进的包装工艺如真空包装、充气包装以及采用新型包装材料来阻氧、阻湿、避光、防霉、延长产品的保鲜期。我国在焙烤保鲜剂、新型包装材料方面研究匮乏，高效安全的焙烤保鲜剂、性能卓越的新型包装材料主要依赖进口，价格高，包装设备落后，产品的保鲜、保质期不能得到有效保障。特别是市场上仍然存在着大量的街头食品、散装食品，缺乏严格的食品制作、陈列和储存的安全控制措施，其质量安全令人担忧。

三、焙烤食品的安全管理

1. 焙烤食品原料、辅料的安全管理

步骤 1　采购的原料、辅料必须符合国家有关食品卫生标准或规定。

步骤 2　制定完善的原料、辅料验收制度、验收管理制度和定期检查制度。

步骤 3　原料、辅料储存要控制温度、湿度等条件，妥善安置，冷冻原料解冻时应在能防止劣化的条件下进行。

步骤 4　原料、辅料应分类存放，先进先出。

步骤 5　原料、辅料使用前，生产者应对其安全、卫生情况加以鉴定，不合格的原料、辅料不得投入生产。

2. 焙烤食品生产过程的安全管理

步骤 1　焙烤食品所有的生产作业应符合安全卫生原则，并且应在尽可能地减少微生物的生长及食品污染的条件下进行。

步骤 2　用于消灭或防止有害微生物繁殖的方法（如杀菌、辐照、低温消毒、冷冻、冷藏、控制 pH 或水活度等）应适当且足以防止食品在加工及储运过程中劣化。

步骤 3　应采取有效方法防止成品被原料或废弃物污染。

步骤 4　用于输送、装载或储藏原料、半成品、成品的设备、容器及用具，其操作、使用与维护应使制造或储藏中的食品不受污染。

步骤 5　盛放成品的容器回收、再使用前必须洗涤、烘干或消毒。

步骤 6　应依据生产管理规范操作，做必要的生产作业手册，记录如温度、时间、质量、湿度、相对密度、批号、记录者等。

四、焙烤食品的安全控制方法

1. 焙烤食品生产良好操作规范(GMP)(如图7-2-6所示)

步骤1 先决条件：合适的工厂环境、车间、供水系统、废物处理等。

步骤2 设施：制作空间、储藏空间、冷藏空间的设置；排风、排水、照明等设施；合适的人员组成等。

步骤3 加工、储藏、分配操作等。

步骤4 食品安全措施：特殊的储藏条件；清洗计划、害虫控制；个人卫生和操作；外来物控制等。

步骤5 管理职责：管理程序、管理标准；人员培训等。

2. 焙烤食品生产卫生标准操作程序(SSOP)

步骤1 水(冰)的安全卫生。

步骤2 食品接触面(设备、手套、工作服等)的清洁度。

步骤3 防止发生交叉污染。

步骤4 手的清洗、消毒和厕所设施的维护与卫生保持。

步骤5 防止食品被污染物污染。

步骤6 有毒化学物质的标记、储存和使用。

步骤7 人员的健康和卫生控制。

步骤8 虫鼠害的防治。

图7-2-6 GMP达标产品   图7-2-7 HACCP认证标识

3. 焙烤食品的危害分析和关键控制点(HACCP)(如图7-2-7所示)

HACCP是指能够识别、评估和控制那些对食品安全有明显危害的系统。现已成为通行全球的食品安全管理体系，是生产(加工)安全食品的一种控制手段。

步骤1 进行危害分析：包括生物性危害、化学性危害及物理性危害。

步骤2 确定关键控制点。

步骤3 确定关键限值。

步骤4 建立关键控制点监控。

步骤5 建立纠偏措施。

步骤6 建立有效的记录保持程序。

步骤7 验证程序。

第二部分　焙烤食品的营养

 任务描述

　　饮食(又称"膳食")是指我们通常所吃的食物和饮料。所有的食物都来自植物和动物。人们通过饮食获得所需要的各种营养素和能量,维护自身健康。合理的饮食、充足的营养,能提高一代人的健康水平,预防多种疾病的发生发展,延长寿命,提高民族素质。不合理的饮食,营养过度或不足,都会给健康带来不同程度的危害。饮食过度会因为营养过剩导致肥胖症、糖尿病、胆石症、高脂血症、高血压等多种疾病,甚至诱发肿瘤,如乳腺癌、结肠癌症等。不仅严重影响健康,而且会缩短寿命。饮食中长期营养素不足,可导致营养不良,贫血,多种元素、维生素缺乏,影响儿童智力生长发育,人体抗病能力及劳动、工作、学习能力下降。

　　食品营养是指人体从食品中所能获得的热能和营养素的总称。烘焙食品的发展应该要适合人们对营养的追求。大力开发健康、天然、营养保健食品是国际烘焙食品现在和今后的发展趋势。

　　烘焙食品的发展应该要适合人们对营养的追求。最新的调查资料显示,全球营养、保健食品的开发趋势,首先是无脂、低脂食品,其次是低卡、无糖、低糖食品。生产营养成分丰富和各营养成分的比例关系符合人体需要模式的营养平衡食品是食品企业的根本目的,是焙烤食品开发的根本趋势。

　　通过学习,让学生知道人体必需的营养素及功能,培养学生在日常生活中注意营养均衡,保持身体健康。

 任务分析

　　通过对人体必需的营养素及功能的介绍,使学生知道饮食与健康的关系。特别要注意焙烤食品的营养价值和营养平衡,未来烘焙食品配料必须以营养成分丰富和各营养成分比例关系平衡为标准,以保证人们健康为目的。

 焙烤食品的营养价值和营养平衡

方法与步骤

基本操作步骤描述

一、人体必需的营养素及功能(在食品化学课程中已作讲解)

　　步骤 1　碳水化合物(糖类)。

步骤2 脂类。

步骤3 蛋白质。

步骤4 维生素。

步骤5 无机盐(矿物质)。

步骤6 水。

步骤7 膳食纤维。

二、焙烤食品的营养价值和营养平衡

实践证明,长期食用精米白面是人类摄取膳食营养的一大阶段性失误,由于人类长期吃白米白面易蓄积脂肪肝、糖尿病,中国的慢性"富贵病"正直线上升。有人已经呼吁要重新评价目前的营养增强政策,如在白面包中添加一些维生素,但从营养角度讲,它并不能代替全麦面包。一位权威科学家指出,精白粉和精白面包失去了全麦中绝大部分营养物质,所添加的几种微量物质,绝不可能补回全部功效,食用全谷物和蔬菜水果,才可以有效防止中风和心脏病。我们要在热量需求范围内摄取足够的营养,同时要在能量需求范围内采取平衡的饮食方式。在保持健康体重方面,吃谷类早餐的女性占优势。

由此可见,未来焙烤食品配料必须以营养成分丰富和各营养成分比例关系平衡为标准,以保证人们健康为目的,改变长期来过分追求"色、香、味、形"以及精米白面的饮食习惯。

三、焙烤食品的发展方向

新鲜是消费者对食品的永恒追求。目前上海的面包房、糕点房、西饼屋如雨后春笋般涌现,表明新鲜的焙烤食品仍然受到消费者的青睐。

步骤1 开发全谷物焙烤食品。

所谓全谷物食品,通常指没有去掉麸皮的谷物磨成的粉做的食物,包括糙米、燕麦片、全麦面包,等等。我们常吃的普通面粉、精米等的主要营养成分是淀粉、蛋白质和少量维生素,而维持机体健康所需的大量维生素、矿物质则蕴含在麸皮里,所以全谷物食品能给人体更全面的营养。

以产自高寒山区的燕麦、小米、荞麦、高粱、玉米、红小豆等五谷杂粮为主要原料(如图7-2-8所示)制成的早餐食品和五谷杂粮焙烤食品具有高蛋白、低脂肪、低胆固醇、低糖,富含膳食纤维等特点。用多谷物营养杂粮混合粉制作成的各种面包、糕点、饼干,能让现代人们达到瘦身和健康的效果,应鼓励人们吃全麦面粉制造的全麦面包(如图7-2-9所示)。

步骤2 选用功能性焙烤食品配料。

功能性烘焙食品配料有膳食纤维、低聚糖、糖醇、大豆蛋白、功能性脂类、植物活性成分、活性肽、维生素和矿物元素等。

膳食纤维是指那些不被人体消化吸收的多糖类碳水化合物的总称,其生理功效主要是低能量,预防肥胖症,调节血糖水平,降血脂,润肠通便,预防结肠癌和调节肠道菌群等方面。在焙烤食品中主要存在于高纤维面包和高纤维饼干中。4块麦麸饼干含13克膳食纤维,为一日摄取量的一半(如图7-2-10所示)。

图 7-2-8 各种谷物

图 7-2-9 全麦面粉制造的全麦面包

图 7-2-10 麦麸饼干

大豆蛋白是一种重要的植物蛋白,尤其是经过分离和改性后的大豆蛋白,去除了对人体健康不利的因子,营养价值得到提升。可以用于面包、饼干的生产,如美国开发了含15克大豆蛋白的能量棒。

功能性油脂包括多不饱和脂肪酸、复合脂质、脂肪改性产品和脂肪替代品。不饱和脂肪酸如亚麻酸、花生四烯酸、EPA、DHA等,这类物质具有显著的降血脂、降血糖、预防心血管疾病等功效。在高级焙烤食品中可应用富含不饱和脂肪酸的橄榄油、茶树油等代替传统油脂。

植物活性成分大多具有不同强度的抗氧化、抗菌和免疫调节等功能,对心血管疾病和某些肿瘤具有一定功效。对于焙烤食品,植物活性成分对油脂的抗氧化功能显得尤为重要,如竹叶黄酮等,能作为天然抗氧化剂应用于焙烤食品中。又如大豆异黄酮外加上草药和营养素,在烘焙食品方面专为妇女开发的产品有:异黄酮面包(含有 40 mg 植物雌性激素)以及含 60 mg 异黄酮的柠檬酸糕、巧克力奶酪、松脆花生,这些都可供选择为每天的食品。

步骤3 开发低能量、无糖焙烤食品。

低能量、无糖食品引起了广泛的关注,并且逐渐成为流行饮食时尚。低能量、无糖焙烤食品的配料主要有功能性低聚糖、功能性糖醇和功能性油脂等。

功能性低聚糖是由 3~9 个单糖经糖苷键连接而成的低度聚合糖,它不被消化吸收而直接进入大肠内,优先被双歧杆菌所利用,是双歧杆菌的有效增强因子。此外功能性低聚糖还有减少有毒发酵产物及有害细菌酶的产生,抑制病原菌和腹泻,防止便秘,增强免疫力、抗肿瘤,降低血清胆固醇,保护肝功能,合成维生素、促进钙吸收以及低能量、不引起龋齿等多种功能。在焙烤食品中可用于制作低能量面包、蛋糕及低能量饼干,以及双歧月饼,等等。

　　功能性糖醇是由相应的糖经过加氢还原制得,如木糖醇、乳糖醇、甘露醇、麦芽糖醇等,它们在人体中的代谢途径与胰岛素无关,可用于糖尿病人的专用食品,它们也不能被口腔微生物所利用,可长期食用而不引起龋齿。糖醇的甜度一般较低,且不参与美拉德反应,在用于焙烤食品时,它们不能完全代替传统糖类,须与其他甜味剂配合使用。如赤藓糖醇(如图7-2-11所示)具有纯天然、无热量、高耐受量、适合糖尿病患者食用、在加工过程中性能稳定等特点,并且有助于食品储存,使它在焙烤行业中能够更加广泛地被应用于蛋糕和饼干的制作(如图7-2-12所示)。

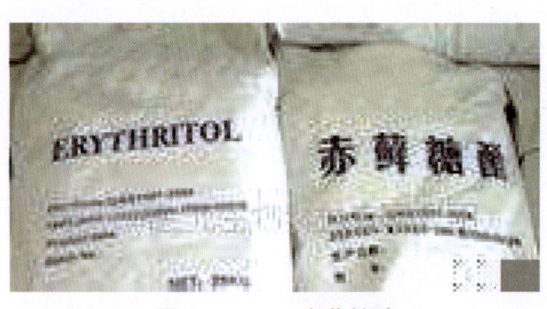

图7-2-11　赤藓糖醇

图7-2-12　糖醇夹心饼干

　　无糖烘焙食品配料,主要以功能性低聚糖和功能性糖醇取代蔗糖(如图7-2-13所示)。因其甜度适宜、口感清爽、低热量,也适宜所有健康人群食用。另外用无糖烘焙甜味改良剂制作的无糖食品弥补了以传统工艺制作无糖食品所造成的"面包像馒头、蛋糕像发糕"等缺陷,在"色、香、味、形"上均有大幅度提高。

　　在低能量烘焙食品配料中,油脂可使用油脂替代品,在低能量蛋糕、低能量饼干中有较多应用。使用油脂替代品代替传统油脂将是焙烤食品的未来发展趋势。

　　综上所述,大力开发健康、天然、营养保健食品是国际烘焙食品现在和今后的发展趋势。

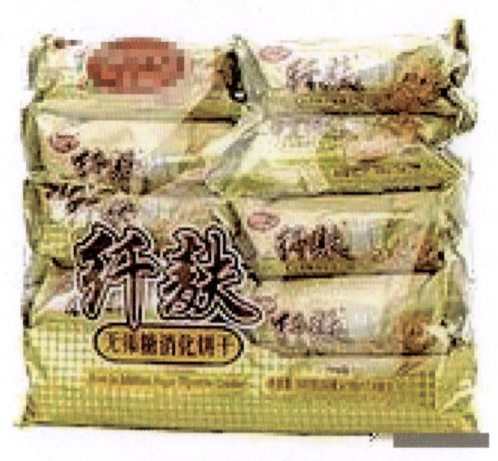

图7-2-13　无糖饼干

小知识

葡　聚　糖

众所周知,面包酵母是一种单细胞微生物,含蛋白质50％左右,氨基酸含量高,富含B族维生素,还有丰富的酶系和多种经济价值很高的生理活性物质。

几千年前,人类就用面包酵母发酵面包,在现代食品工业方面,它被广泛用作人类主食面包、饼干糕点等食品的优良发酵剂和营养剂。随着生物技术发展,科学家们从面包酵母细胞壁中萃取出一种称为"β-葡聚糖"的物质(如图7-2-14所示),它具有良好功能,如今能在食品工业中广泛使用,据悉,它主要有以下显著功效。

图7-2-14　β-葡聚糖

(1) 提高机体抵抗病毒、细菌等感染的能力。

(2) 有效调整体内消化道的微生态,促进体内有益菌的增殖及肠道有害物的排泄。

(3) 能降低体内胆固醇含量,可降低体内低密度脂蛋白含量,并增加高密度脂蛋白的含量。

(4) 有效改善末梢组织对胰岛素的感受,降低对胰岛素的要求,促进葡萄糖恢复正常,对糖尿病有明显的抑制和预防作用。

(5) 刺激皮肤细胞活性,增强皮肤自身的免疫保护功能,高效修护皮肤,减少皮肤皱纹产生,延缓皮肤衰老。

(6) 增强动物对病菌的抵抗能力,促进其生长。

思考与练习

1. 化学、生物性污染对焙烤食品安全有何影响?

2. 如何使焙烤食品更营养、更健康?

任务三　焙烤食品的成本核算技能

成本核算是指对生产费用的发生和产品成本形成所进行的会计核算,是成本管理的基础环节,为成本管理分析和管理控制提供信息基础。

成本核算的实质是一种数据信息处理加工的转换过程,即将日常已发生的各种资金的耗费,按一定方法和程序,按照已经确定的成本核算对象或使用范围进行费用的汇集和分配的过程,正确、及时地进行成本核算。

由于各行业的生产特点不同,成本在实际内容上存在着较大的差异,成本核算的方法及内容也存在较大差异。旅游、餐饮服务及焙烤食品生产企业的成本核算内容也有较大的差异。

焙烤产品制作的原料大都以粮、油、糖、蛋、奶为主,并使用水果等各种辅助原料,所以原辅料主要为食用性原料。核算主要包括原辅料的核算、生产经营费用的核算、税金的核算及利润的核算。主要核算内容包括以下几项:

(1) 完整地归集与核算成本计算对象所发生的各种耗费。

(2) 正确计算生产资料转移价值和应计入本期成本的费用额。

(3) 科学地确定成本计算的对象、项目、期间以及成本计算方法和费用分配方法,保证各种产品成本的准确、及时。

能　力　目　标

- 了解焙烤食品的成本组成
- 掌握规划焙烤食品营业目标
- 掌握焙烤食品成本计算的基本方法

第一部分　焙烤产品原料的成本计算

 任务描述

　　焙烤食品的食用性原料具有保质期短、种类繁多、批量使用较少的特点。因此在实际工作中，如果按每一产品核算其单位成本，成本计算的工作将十分繁重。为了减轻成本计算的工作量，焙烤的成本通常按全部或大类计算。其总成本的计算与结转可分别采用"实地盘存法"和"永续盘存法"。

 任务分析

　　为计算原材料成本，以"实地盘存法"和"永续盘存法"为例，从账簿登记、原料盘存、原料耗用计算等各个环节来阐述原材料成本核算的基本方法。

 实地盘存法

方法与步骤

基本操作步骤描述

　　实地盘存法是按照实际盘存原材料的数额，倒求本期已销产品所消耗原材料成本的一种方法。采用这种方法，平时领用原材料时，不办理领料的核算手续，也不作领料的账务处理。月终，通过盘点库存原材料和已领未用的原材料，计算出月末原材料的实际结存额，即采用"以存计耗"倒求成本的方法。这种方法一般适用于小型企业。

一、原料盘点

　　原料仓库是所有原材料的进出点，仓库保管员应认真负责地保管好原料，保证原材料的质量和数量。

　　1．盘存前的准备

　　步骤1　工具的准备。

　　衡器是盘点原料的重要工具，在仓库盘点前，要认真检查衡器，保证衡器能准确工作。现代企业一般采用电子秤（如图7-3-1所示）。

步骤 2　品种清点。

焙烤原料品种繁多,在准备盘点原料重量和数量时,要将各种原料整理、分类,以免混淆(如图 7 – 3 – 2 所示)。

图 7 – 3 – 1　电子秤

图 7 – 3 – 2　食品原料仓库

2. 原材料盘点

步骤 1　小料称重。

将衡器校正,避免发生称重错误。将各种原料放置在电子称上称重,注意扣除包装袋的重量并记录在案。

步骤 2　大量清点。

大件原料,特别是未拆封的整包原料,是不需称重的,只需清点件数,数量乘以净重为原料总重量(如图 7 – 3 – 3 所示)。

图 7 – 3 – 3　整包原料

二、耗用原料重量计算

原材料耗用重量计算方法多种多样,采用"实地盘存法"是较为简便的方法之一。

1. 计算公式

本期已耗用的数量＝期初原材料的结存数量＋本期原材料的购进数量
　　　　　　　　　　－期末原材料的盘存数量

2. 例题

2014 年 12 月份,某面包房账面记录:上月结存鸡蛋 100 千克,本月购入鸡蛋 5 次,每次200 千克,12 月 30 日,仓库管理员进行仓库盘点,其中,鸡蛋结存 90 千克,计算 12 月份耗用鸡蛋的重量。

解:本期已耗用鸡蛋的数量＝期初原材料的结存数量＋本期原材料的购进数量－
　　　　　　　　　　期末原材料的盘存数量

$$=100+1\,000-90$$
$$=1\,100(千克)$$

答：本月耗用鸡蛋 1 100 千克。

三、耗用原料成本计算

数量和重量的盘存并不是成本核算的主要内容，计算耗用材料的成本才是总成本核算的重要环节。

1. 计算公式

本期已销产品的总成本＝期初原材料的结存金额＋本期原材料的购进金额
　　　　　　　　　　　　－期末原材料的盘存金额

2. 例题

某西饼房进行本月原料耗用盘点，各种原料剩余成本为 800 元，根据"原材料领用汇总表"，本月购进原料成本为 4 800 元，上月原料结存额为 900 元，根据实地盘存法计算本月耗用原材料成本。

解：本月耗用原材料成本＝原材料月初结存额＋本月购进额－月末盘存额
　　　　　　　　　　＝800＋4 800－900
　　　　　　　　　　＝4 700(元)

答：本月西饼屋实际耗用原材料成本为 4 700 元。

四、"实地盘存法"的优缺点

用"实地盘存法"进行原材料耗用成本的计算，具有操作方便的优点，但又有盘点耗用原料用途不够准确的缺点，归纳其优缺点如下。

1. 优点

（1）平时记账只需登记收入，不登记发出，能减轻工作强度。

（2）月底一次性盘点，结存数量，方便简约。

2. 缺点

（1）根据数据计算的本月耗用材料成本，用途不明确，平时管理存在漏洞。

（2）对于进货成本波动较大的原料，其核算的耗用原料成本不够精确，成本核算的正确性存在问题。

 ## 永续盘存法

方法与步骤

基本操作步骤描述

永续盘存法又称账面盘存制，在明细账户中，对产品、商品、材料、物资等各项存货的增加和减少都连续记录，以便可以随时了解结存数。这种明细记录可以是与仓库的存货（材料、产品等）卡平行设置的存货明细账，也可以利用仓库货卡中的数量记录，常用的方法有"先进先出法""加权平均法"等（如图 7-3-4 所示）。

一般原材料明细账都采用"三栏式"账簿，主要登记收入、发出和结存。每栏下分三小栏，分别记载数量、单价和金额。

表3			原材料明细分类账										
明细账户：甲材料							计量单位：千克			金额：元			
2008年		凭证号数	摘要	收 入			发 出			结存			
月	日			数量	单价	金额	数量	单价	金额	数量	单价	金额	
1	1		期初余额							2000	10	20000	
1	9	(1)	购入材料	500	10	5000				2500	10	25000	
1	12	(2)	购入材料	400	10	4000				2900	10	29000	
1	26	(4)	生产领料				1000	10	10000	1900	10	19000	
			本月合计	900		9000	1000		10000	1900	10	19000	

表4			原材料明细分类账										
明细账户：乙材料							计量单位：吨			金额：元			
2008年		凭证号数	摘要	收 入			发 出			结存			
月	日			数量	单价	金额	数量	单价	金额	数量	单价	金额	
1	1		期初结存							50	300	15000	
1	9	(1)	购入材料	100	300	30000				150	300	45000	
1	12	(2)	购入材料	50	300	15000				200	300	60000	
1	26	(4)	生产领料				100	300	30000	100	300	30000	
			本月合计	150		45000	100		30000	100	300	30000	

图 7-3-4 材料明细账

现在可以用计算机软件设计明细账的各种格式,并设置自动数据计算公式,大大地减轻了工作强度,并且数据计算准确。

1. 数量登记

材料明细账数量登记是按实际发生的数量(按材料领用单或购货发票)来记载(如图 7-3-5、图 7-3-6 所示)。月末结出收入、发出和结存数量。

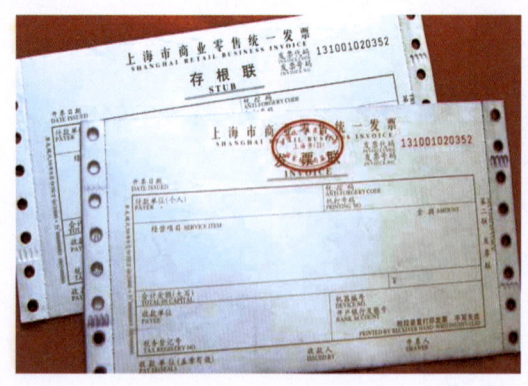

图 7-3-5 材料领用单   图 7-3-6 购货发票

2. 单价登记

材料明细账单价登记是按购入材料的实际单价登记入账,对于购入单价经常变动的原料,由于每个企业核算制度不同,发出材料单价有各种核算方法,所以平时可以只登记购入单价。

3. 金额登记

按"先进先出法"或"加权平均法"核算的企业,分别用"先进先出法"或"加权平均法"记账要求计算出结存材料的金额。月末结出收入、发出和结存金额。

采用"永续盘存法"核算库存材料的企业,并不是只要根据账面的发生额登记入账就可以了,账面数量同实际库存数量之间可能存在差异。一般企业会在月末进行库存盘点,进行"账实"核查,并对差额进行原因分析及账务处理,以保证"账实"一致。

"永续盘存法"的库存材料盘存方法和"实地盘存法"一致。

第二部分　焙烤产品价格的确定

 任务描述

　　价格构成是商品价格的形成要素及其组合,亦称价格组成,反映商品在生产和流通过程中物质耗费的补偿,以及新创造价值的分配。

　　焙烤产品销售价格的核定是具有特殊性的。在实际工作中,一般采用以产品的毛利率为基数的"毛利率"法定价。也有以市场法制定产品的价格方法,主要有"随行就市"法,它把市场上竞争的同行价格为己所用。

 任务分析

　　以"毛利率"法来确定焙烤食品的销售价格制定,了解价格构成要素、掌握制定价格的基本要求及计算过程。

 价格的确定

方法与步骤

基本操作步骤描述

　　按"毛利率"法的计算要求,确定焙烤产品的销售价格。

一、价格的构成

　　一般价格包括生产成本、流通费用、税金和利润四个部分。焙烤企业生产成本主要是指原材料成本、工人工资、工厂房租等固定成本,在销售环节的广告费用、人工工资等在经营费用环节核算。

二、价格的表达形式

　　根据价格的构成要素,我们把商品价格分成两部分:第一部分为原材料成本;第二部分为生产及销售产品所发生的各类费用及税金,以及企业从产品销售应获得的利润。我们称第二部分为"毛利",用公式表达为:

$$商品价格＝原料成本＋毛利$$
$$毛利＝经营费用＋利润＋税金$$

三、价格的制订

价格制订是一个综合性工作,它需要考虑方方面面的因素,归纳起来,应从以下环节考虑。

1. 产品原料总成本

(1)产品原料总成本定义。产品原料总成本主要是指为生产产品所耗用材料的主料和辅料。用公式表达为:

原料成本＝产品所用的主料成本＋配料成本＋调料成本

产品原料总成本＝A组产品原料成本＋B组产品原料成本＋C组产品原料成本

　　　　　　　＋……＋N组产品原料成本

(2)计算。

【例】　某系列西点产品制作有 3 种产品组成,其中 A 种产品原料成本为 12 元;B 产品原料 3 000 克(进价 10 元/千克,出材率 60%);C 产品原料 500 克(进价 20 元/千克),计算该系列产品原料的总成本。

解:A 产品原料成本＝12(元)

　　B 产品原料成本＝(3.0÷60%)×10＝50(元)

　　C 产品原料成本＝20×0.5＝10(元)

　　该系列产品原料总成本＝12＋50＋10＝72(元)

答:该系列产品原料的总成本为 72 元。

2. 毛利率

(1)毛利率的定义。毛利率是毛利与原料成本或销售收入之间的比率。

(2)销售毛利率。销售毛利率又称内扣毛利率。销售毛利率是毛利与销售收入之间的比率。用公式表达为:

$$销售毛利率＝\frac{毛利}{销售价格}×100\%$$

3. 销售毛利率法

(1)销售毛利率法。销售毛利率法又称内扣法、毛利率法,它是以销售价格为基数的毛利率计算。其计算公式为:

$$销售价格＝\frac{原料成本}{1-销售毛利率}×100\%$$

(2)计算。

【例】　某西点房制作装饰蛋糕 1 只,共用 A 料 1 000 克(30 元/千克);B 料 2 000 克(25 元/千克);C 料 2 000 克(10 元/千克);其他材料成本 20 元,若企业的销售毛利率为 60%,计算每个蛋糕的销售价格。

解:耗用原料成本＝A 原料成本＋B 原料成本＋C 原料成本＋其他原料成本

　　　　　　　　＝1×30＋2×25＋2×10＋20

　　　　　　　　＝30＋50＋20＋20＝120(元)

$$销售价格＝\frac{120}{1-60\%}×100\%$$
$$＝300(元)$$

答:装饰蛋糕的销售价格应为 300 元。

任务四　焙烤食品的感官评定技能

　　焙烤食品种类繁多,但由于烘焙行业介入门槛较低,从业人员学历普遍偏低,技术人员大都是经过短期培训后上岗的,没有经过系统的专业学习。据专家介绍,我国焙烤行业从业人员都是只有经验,没有理论,这使得从业人员不能很好地检验原料优劣、稳定产品质量、采用新工艺、新技术。

　　因此,通过本部分的学习,学生将能够掌握焙烤食品常用原料(面粉、鸡蛋、黄油)及常见焙烤食品的感官评定方法,并学会利用感官评定正确选择焙烤食品常用原料。

能 力 目 标

- 掌握焙烤食品常用原料(面粉、鸡蛋、黄油)的感官评定方法
- 能对焙烤食品常用原料(面粉、鸡蛋、黄油)进行感官评定,区分优劣
- 掌握常见焙烤食品的感官评定方法
- 能对常见焙烤食品进行感官评定,区分优劣
- 学会利用感官评定正确选择焙烤食品常用原料
- 学会焙烤食品感官评定实验的方法
- 能将焙烤食品常用原料及常见焙烤食品的感官评定运用到实际生产及生活中
- 掌握焙烤食品质量感官评定的方法,能够参与并设计部分焙烤食品的感官评定方法

第一部分　焙烤食品常用原料的感官评定

 任务描述

　　面粉、鸡蛋、黄油是制造面包、饼干等焙烤食品的最基本原材料,它们的质量好坏对于面包等焙烤食品的品质有着决定性的影响。因而从事焙烤食品制造的技术人员一定要了解一些关于面粉、鸡蛋、黄油的感官评定知识。

　　通过学习,你可以掌握面粉、鸡蛋、黄油的感官评定技能。

 任务分析

　　通过看、摸、闻、尝等方法,对面粉、鸡蛋、黄油的色泽、组织状态、气味、滋味等性状进行感官评定,判别焙烤食品原料的好坏。

 焙烤食品常用原料

方法与步骤

基本操作步骤描述

一、面粉

　　步骤 1　色泽评定。

　　在进行面粉色泽的感官评定时,将样品在黑纸上撒成薄层,然后与适当的标准颜色或标准样品作比较,仔细观察其色泽的异同(如图 7-4-1 所示)。

　　良质面粉——呈青白色或微黄色,不发暗,无杂质的颜色。

　　次质面粉——色泽暗淡。

　　劣质面粉——色泽呈灰白或深黄色,发暗,色泽不均。

　　步骤 2　组织状态评定。

　　进行面粉组织状态的感官评定时,将样品在黑纸上撒成一薄层,仔细观察有无发霉、结块及杂质等,然后用手捻捏(如图 7-4-2 所示),以试手感。

图7-4-1 面粉

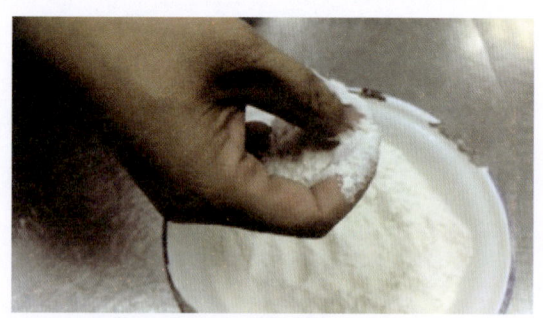

图7-4-2 手指捻捏面粉

良质面粉——呈细粉末状,不含杂质,手指捻捏时无粗粒感,无虫子和结块,置手中紧捏后放开不成团。

次质面粉——手指捻捏时有粗粒感,生虫或有杂质。

劣质面粉——面粉吸潮后霉变,有结块或手捏成团(如图7-4-3所示)。

步骤3 气味评定。

进行面粉气味的感官评定时,取少量样品于手掌中心(如图7-4-4所示),用嘴哈气使之稍热,为了增强气味,也可将样品置于有塞瓶中,浸入60℃热水,紧塞片刻,然后将水倒出嗅其气味。

图7-4-3 握捏面粉

图7-4-4 面粉气味评定

良质面粉——具有面粉正常的气味,无任何异味。

次质面粉——稍有异味。

劣质面粉——有霉臭味、酸味、煤油味或其他不良气味。

步骤4 滋味评定。

进行面粉滋味的感官评定时,取少量样品进行咀嚼,品尝其滋味。

良质面粉——味佳微甜,无任何异味。

次质面粉——乏味或稍有异味。

劣质面粉——有苦味、酸味或其他不良气味。

表 7 - 4 - 1

项 目	指 标	结 果
色泽鉴别	色泽呈白色或微黄色，不发暗，无杂质的颜色。	
组织状态	无霉变、结块、虫害。	
气味鉴别	无霉臭味、酸味、煤油味及其他异味。	
滋味鉴别	无发酸、刺喉、发苦、发甜以及外来滋味；无刺喉感。	
是否合格		

二、鲜蛋

鲜蛋的感官评定分为蛋壳评定和打开评定。蛋壳评定包括眼看、手摸、耳听、鼻嗅等方法，也可借助于灯光透视进行评定。打开评定是将鲜蛋打开，观察其内容物的颜色、稠度、形状、有无血液、胚胎是否发育、有无异味和臭味等。

1. 蛋壳的感官评定

步骤 1 眼看：即用眼睛观察蛋的外观形状、色泽、清洁程度等。

良质鲜蛋——蛋壳清洁、完整、无光泽，壳上有一层白霜，色泽鲜明（如图 7 - 4 - 5 所示）。

次质鲜蛋——一类次质鲜蛋：蛋壳有裂纹、隔窝现象，蛋壳破损、蛋清外溢或壳外有轻度霉斑等。二类次质鲜蛋：蛋壳发暗（如图 7 - 4 - 6 所示），壳表破碎且破口较大，蛋清大部分流出。

劣质鲜蛋——蛋壳表面的粉霜脱落，壳色油亮，呈乌灰色或暗黑色，有油样漫出，有较多或较大的霉斑（如图 7 - 4 - 7 所示）。

图 7 - 4 - 5　蛋壳清洁的鸡蛋

图 7 - 4 - 6　蛋壳略有污染的鸡蛋

图 7 - 4 - 7　蛋壳污染严重的鸡蛋

步骤2 手摸：即用手摸素蛋的表面是否粗糙，掂量蛋的轻重，把蛋放在手掌心上翻转等。

良质鲜蛋——蛋壳粗糙，重量适当。

次质鲜蛋——一类次质鲜蛋：蛋壳有裂纹、隔窝或破损，手摸有光滑感。二类次质鲜蛋：蛋壳破碎，蛋白流出。手掂重量轻，蛋拿在手掌上自转时总是一面向下（蛋壳壳表破碎且破口较大，蛋清大部分流出）。

劣质鲜蛋——手摸有光滑感，掂量时过轻或过重。

步骤3 耳听：即把蛋拿在手上，轻轻抖动使蛋与蛋相互碰击，细听其声，或用手握蛋摇动，听其声音。

良质鲜蛋——蛋与蛋相互碰击声音清脆，手握蛋摇动无声。

次质鲜蛋——蛋与蛋相互碰击声音嘶哑，手摇动时内容物有流动感。

劣质鲜蛋——蛋与蛋相互碰击发出嘎嘎声（孵化蛋）、空空声（水花蛋）。手握蛋摇动时内容物有晃动声。

步骤4 鼻嗅：用嘴向蛋壳上轻轻哈一口热气，然后用鼻子嗅其气味。

良质鲜蛋——有轻微的生石灰味。

次质鲜蛋——有轻微的生石灰味或轻度霉味。

劣质鲜蛋——有霉味、酸味、臭味等不良气味。

2. 鲜蛋的灯光透视评定

灯光透视是指在暗室中用手握住蛋体紧贴在照蛋器的光线洞口上，前后上下左右来回轻轻转动，靠光线的帮助看蛋壳有无裂纹、气室大小、蛋黄移动的影子、内容物的澄明度、蛋内异物以及蛋壳内表面的霉斑、胚的发育等情况。在市场上无暗室和照蛋设备时，可用手电筒围上暗色纸筒（照蛋端直径稍小于蛋）（如图7-4-8所示）进行评定。如有阳光时也可以用纸筒对着阳光直接观察。

图7-4-8 手电筒照射鸡蛋

良质鲜蛋——气室直径小于11毫米，整个蛋呈微红色，蛋黄略见阴影或无阴影，且位于中央，不移动，蛋壳无裂纹。

次质鲜蛋——一类次质鲜蛋：蛋壳有裂纹，蛋黄部呈现鲜红色小血圈。二类次质鲜蛋：透视时可见蛋黄上呈现血环，环边及边缘呈现少许血丝，蛋黄透光度增强而蛋黄周围有阴影，气室大于11毫米，蛋壳某一部位呈绿色或黑色；蛋黄部完整，散如云状，蛋壳膜内壁有霉点，蛋内有活动阴影。

劣质鲜蛋——透视时黄、白混杂不清，呈均匀灰黄色，蛋全部或大部不透光，呈灰黑色，蛋壳及内部均有黑色或粉红色霉点，蛋壳某一部分呈黑色且占蛋黄面积的 1/2 以上，有圆形黑影(胚胎)。

3. 鲜蛋的打开评定

将鲜蛋打开，将其内容物置于玻璃平皿或瓷碟上，观察蛋黄与蛋清的颜色、稠度、性状，有无血液，胚胎是否发育、有无异味等。

步骤 1　颜色评定。

良质鲜蛋——蛋黄、蛋清色泽分明，无异常颜色(如图 7 - 4 - 9 所示)。

次质鲜蛋——一类次质鲜蛋：颜色正常，蛋黄有圆形或网状血红色，蛋清颜色发绿，其他部分正常。二类次质鲜蛋：蛋黄颜色变浅，色泽分布不均匀，有较大的环状或网状血红色，蛋壳内壁有黄中带黑的黏痕或霉点，蛋清与蛋黄混杂。

劣质鲜蛋——蛋内液态流体呈灰黄色、灰绿色或暗黄色，内杂有黑色霉斑(如图 7 - 4 - 10 所示)。

图 7 - 4 - 9　散黄蛋、良质蛋

图 7 - 4 - 10　发霉鸡蛋

步骤 2　性状评定。

良质鲜蛋——蛋黄呈圆形凸起而完整，并带有韧性，蛋清浓厚、稀稠分明，系带粗白而有韧性，并紧贴蛋黄的两端。

次质鲜蛋——一类次质鲜蛋：性状正常或蛋黄呈血红色的小血圈或网状血丝。二类次质鲜蛋：蛋黄扩大、扁平，蛋黄膜增厚发白，蛋黄中呈现大血环，环中或周围可见少许血丝，蛋清变得稀薄，蛋壳内有蛋黄的粘连痕迹，蛋清与蛋黄相混杂(蛋无异味)，蛋内有小的虫体。

劣质鲜蛋——蛋清和蛋黄全部变得稀薄浑浊，蛋膜和蛋液中都有霉斑或蛋清呈胶冻样霉变，胚胎形成长大。

步骤 3　气味评定。

良质鲜蛋——具有鲜蛋的正常气味，无异味。

次质鲜蛋——具有鲜蛋的正常气味，无异味。

劣质鲜蛋——有臭味、霉变味或其他不良气味。

表7-4-2

项　　目	指　　标	结果
蛋壳	清洁、有外蛋壳膜，不破裂，蛋形正常，色泽鲜明。	
气室	完整，深度不超过7毫米，无气泡。	
蛋白	浓厚，无血斑。	
蛋黄	居中，轮廓明显，胚胎未发育，蛋黄系数0.351～0.401（蛋黄的高度除以蛋黄的直径）。	
是否合格		

三、黄油

步骤1 色泽评定。

用洁净玻璃棒挑取样品一小块（约1立方厘米）置于培养皿中央，在自然光下仔细观察或置于白色背景前借其反射光线观察，并按下列词语记述：白色、灰白色、乳白色、柠檬色、淡黄色、黄色、橙色等。

良质黄油——白色、淡黄色或橙黄色（如图7-4-11所示）。

次质黄油——呈白色或着色过度，色泽分布不均匀，有光泽。

劣质黄油——色泽灰暗，表面有霉斑。

步骤2 滋味和气味评定。

用洁净玻璃棒挑起样品一小块置于50毫升烧杯中。于水浴上加热至50℃，用玻璃棒迅速搅拌，闻其气味，并用玻璃棒蘸取少许样品置舌尖上鉴别其滋味和气味。气味按焦糊味、酸败味、臭味、腥味、霉味、牛奶味、奶油香味等词语记述。滋味则以甜、酸、苦、辣、咸、平淡、可口等词语记述。

良质黄油——具有良好的滋味和气味（如图7-4-12所示）。

图7-4-11 良质黄油　　　　　　　图7-4-12 黄油气味评定

次质黄油——香味一般。

劣质黄油——有异味。

步骤3　组织状态评定。

用洁净玻璃棒轻轻拨动上述培养皿中的样品,判断其软硬程度,是否均匀一致,并按下列词语记录:硬固体、固体、半固体、稠胶体、半流体等。用洁净玻璃棒挑起样品一小块,置于洗净的食指头上,用拇指和食指搓揉(如图7-4-13所示),细心体会手指的感觉,然后按粗糙、有小颗粒、细腻等词语记述,并观察是否有杂质。

图7-4-13　黄油组织状体评定

良质黄油——均匀一致,无霉变和杂质。

次质黄油——有小颗粒。

劣质黄油——粗糙。

表7-4-3

项　　目	指　　标	结果
色泽	白色、淡黄色或橙黄色。	
滋味和气味	具有良好的滋味和气味。	
组织状态	均匀一致,无霉变和杂质。	
是否合格		

思考与练习

如何挑选比较优质的面粉?

第二部分　焙烤食品的感官评定

 任务描述

焙烤食品已发展成为种类繁多、丰富多彩的食品。按照生产工艺特点分类有以下品种。

1. 面包类
2. 蛋糕类
3. 饼干类
4. 清酥类

通过学习,你可以掌握它们的感官评定技能。

 任务分析

通过观察、闻等方法,对面包、蛋糕、饼干、清酥的色泽、形状、组织结构、气味、滋味等性状进行感官评定,判别焙烤食品的好坏。

 常见的焙烤食品

方法与步骤

基本操作步骤描述

一、面包

步骤1　色泽鉴别。

良质面包——表面呈金黄色至棕黄色,色泽均匀一致,有光泽,无烤焦、发白现象存在(如图7-4-14所示)。

次质面包——表面呈黑红色(如图7-4-15所示),底部为棕红色,光泽度略差,色泽分布不均。

劣质面包——生、糊现象严重,或有部分发霉而呈现灰斑。

图 7-4-14 表面金黄色的罗宋包

图 7-4-15 表面黑红色的罗宋包

步骤2 形状鉴别。

良质面包——圆形面包必须是凸圆的,听型的面包截面大小应相同,其他的花样面包都应整齐端正,所有面包表面均向外鼓凸。

次质面包——略有些变形,有少部分粘连处,有花纹的产品不清晰。

劣质面包——外观严重走形、塌架、粘连都相当严重(如图 7-4-16 所示)。

图 7-4-16 形状鉴别

步骤3 组织结构鉴别。

良质面包——切面上观察到气孔均匀细密,无大孔洞,内质洁白而富有弹性,果料散布均匀,组织蓬松似海绵状,无生心。

次质面包——组织蓬松暄软的程度稍差,气孔不均匀,弹性也稍差。

劣质面包——起发不良,无气孔,有生心,不蓬松,无弹性,果料变色。

步骤4 气味和滋味鉴别。

良质面包——食之香甜暄软,不粘牙,有该品种特有的风味,而且有酵母发酵后的清香味道。

次质面包——柔软程度稍差,食之不利口,应有风味不明显,稍有酸味但可接受。

劣质面包——粘牙,不利口,有酸味,霉味等不良异味。

二、蛋糕

步骤1 色泽鉴别。

图 7 - 4 - 17　金黄色蛋糕

图 7 - 4 - 18　棕黑色蛋糕

劣质蛋糕——表面呈棕黑色,底部黑斑很多。

步骤 2　形状鉴别。

良质蛋糕——块形丰满周正,大小一致,薄厚均匀,表面有细密的小麻点,不黏边,无破碎,无崩顶。

次质蛋糕——块形不太圆整,细小麻点不明显,稍有崩顶破碎。

劣质蛋糕——大小不一致,崩顶破损过于严重(如图 7 - 4 - 19 所示)。

图 7 - 4 - 19　大小不一致的蛋糕

步骤 3　组织结构鉴别。

良质蛋糕——起发均匀,柔软而具弹性,不死硬,切面呈细密的蜂窝状,无大空洞,无硬块。

次质蛋糕——起发稍差,不细密,发硬,偶尔能发现大空洞但为数不多。

劣质蛋糕——杂质太多,不起发,无弹性,有面疙瘩。

步骤 4　气味和滋味鉴别。

良质蛋糕——蛋香味纯正,口感松暄香甜,不撞嘴,不粘牙,具有蛋糕的特有风味。

次质蛋糕——蛋香味及松暄程度稍差,没有明显的特有风味。

劣质蛋糕——味道不纯正,有哈喇味、焦糊味或腥味。

三、饼干类

关于饼干感官鉴别的具体介绍中则将其按照质地情况归纳为酥性、韧性和苏打饼干三种。以酥性饼干为例介绍感官评定的技能。

步骤1　色泽鉴别。

良质饼干——表面、边缘和底部均呈均匀的浅黄色到金黄色阴影(如图7-4-20所示),无焦边,有油润感。

次质饼干——色泽不均匀,表面有阴影有薄面,稍有异常颜色(如图7-4-21所示)。

劣质饼干——表面色重,底部色重,发花。

图7-4-20　色泽均匀的饼干

图7-4-21　烤糊的饼干

步骤2　形状鉴别。

良质饼干——块形(片形)齐整,薄厚一致,花纹清晰,不缺角,不变形,不扭曲。

次质饼干——都不严重。花纹不清晰,表面起泡,缺角、黏边、收缩、变形。

劣质饼干——起泡、破碎都相当严重。

步骤3　组织结构鉴别。

良质饼干——组织细腻,有细密而均匀的小气孔断,无杂质。

次质饼干——组织粗糙,稍有污点。

劣质饼干——有杂质,发霉。

步骤4　气味和滋味鉴别。

良质饼干——甜味纯正,酥松香脆,无异味。

次质饼干——口感紧实发艮,不酥脆。

劣质饼干——有油脂酸败的哈喇味。

四、清酥类

步骤1　色泽鉴别。

良质清酥——表面金黄色至棕黄色(如图7-4-22所示),墙部呈浅黄色至金黄色,底部为深麦黄色,富有光泽。

次质清酥——表面呈金黄色至棕虹色,火色较均匀,无异常颜色,表面有刷蛋液光泽。

劣质清酥——表面、墙部、底部的色泽均较深(如图7-4-23所示)。

图 7-4-22　色泽均匀的糖面酥

图 7-4-23　层次不清的糖面酥

步骤 2　形状鉴别。

良质清酥——造型周正，切边整齐，层次清楚，规格一致，无塌陷，不露馅，外装饰美观大方。

次质清酥——同品种的规格整齐一致，大小、薄厚稍见差异。

劣质清酥——形状不整齐，层次不清楚，规格不一致（如图 7-4-24 所示）。

图 7-4-24　切边整齐及不整齐的蝴蝶酥

步骤 3　组织结构鉴别。

良质清酥——起发良好疏松，层次众多，均匀、分明、不浸油，无生心、不混酥，无大的空洞，没有夹杂物。

次质清酥——起发后层次不很分明，但无生心，无空洞，无杂质。

劣质清酥——层次不清，有混酥现象，生心严重，有杂质异物等。

步骤 4　气味和滋味鉴别。

良质清酥——松酥爽口，奶油味纯正，果酱味清甜，具有各品种应有的特色风味，无异味。

次质清酥——奶油香味不太突出，辅料味道亦不明显，但无杂质和异味。

劣质清酥——味道不纯正，食之不利口，有杂质，有杂味。

思考与练习

你去西点房挑选面包、蛋糕时，会如何挑选？

第三部分　蛋糕的质量感官评定实验

任务描述

　　对不同生产批次(厂家)的同种蛋糕进行质量感官评定,检验不同批次产品的质量稳定性。

　　通过学习,学生可以学会焙烤食品感官评定实验的方法。

任务分析

　　通过感官评定实验,可以掌握焙烤食品质量感官评定的方法,并能够参与和设计部分焙烤食品的感官评定方法。

蛋糕的质量感官评定实验

方法与步骤

基本操作步骤描述

一、实验目的

　　(1) 对不同生产批次(厂家)的同种产品进行质量感官评定,检验不同批次产品的质量稳定性。

　　(2) 掌握质量感官评定的方法。

　　(3) 掌握作为筛选感官评定员的应具备的技能。

二、实验原理

　　食品感官评定概念:根据人的感觉器官来检查或测定食品的特性(外形、色泽、味道、质感、稠度等),并对食品质量作出评价。

三、材料及仪器

（1）样品：不同批次生产的同种产品。

（2）仪器：盘子、小刀等。

四、实验步骤

步骤 1　样品编号。

样品必须编号，不同批次的样品分别用三位数（如 148、013 等）进行编码。每组中一个成员对样品进行编号，代码不能让其他成员对样品的性质作出结论。

步骤 2　样品评价。

（1）根据产品属性尺度表，感官评定员对不同代码样品分别从色泽、外形、表皮、内部组织、口感等进行打分。各种特征评 5 次，超过 50%（次数）以上的评定结果才能作为最后的评定。

各产品的属性尺度如下所示：① 色泽：标准的蛋糕表面应呈金黄色，内部为乳黄色（特种风味的除外），色泽要均匀一致，无斑点。② 外形：蛋糕成品形态要规范，厚薄都一致，无塌陷和隆起，不歪斜。③ 表皮：柔软。④ 内部组织：组织细密，蜂窝均匀，无大气孔，无生粉、糖粒等疙瘩。⑤ 口感：入口绵软甜香，松软可口。

（2）请仔细观察和品尝各样品，并对各样品的品质特性进行打分，由很差、差、适中、好到很好，分别以 1 分，2 分，3 分，4 分，5 分来表示。

步骤 3　结果统计。

（3）将每个感官评定员的打分表（表 7 - 4 - 4）汇总到一起，制作出汇总统计表。

（4）统计分析。利用方差对汇总统计表进行分析可以得出不同批次生产出来的同一产品（蛋糕）的质量级别和它们之间的差异程度。

（5）得出不同生产批次的产品是否具有质量稳定性的结论。根据表 7 - 4 - 5 产品尺度表对不同批次（厂家）生产的同一产品（蛋糕）进行质量分级。

表 7 - 4 - 4　各样品的感官评定结果表

品评员	色泽	外形	表皮	内部组织	口感
1					
2					
3					
…					

表 7 - 4 - 5　产品质量尺度

质量等级	分　数
优	20～25(含 20)
良	15～20(含 15)
合格	10～15(含 10)
差	<10

 小知识

厨房产品质量感官评定

　　厨房产品,即厨房各部门加工生产的各类冷菜、热菜、点心、甜品、汤羹以及水果盘等。其质量的好坏优劣,既反映了厨房生产、管理人员的技术素质和管理水平,又不完全受其制约;它同时还表现为就餐环境及服务等给客人的感觉。厨房产品质量直接影响餐厅就餐人数,影响饭店的经济效益;其社会口碑,对整个饭店声誉也有较大影响。因此,采取切实有效的措施,加强其质量控制,确实是厨房管理工作的重中之重。

　　客人订(点)了菜肴,是从不同角度对其进行鉴赏接受和食用的,无论菜肴的外观,还是风味以及其结构组织,客人都是通过身体感觉器官眼、耳、鼻、口(舌、牙齿)和手来品尝和把握的。手虽然很少直接接触食物,取用和挟菜肴的筷子给手的感觉同样可以帮助了解菜肴的质地。因此,客人对菜肴自身质量的评判,是在调动以往的经历和经验,结合该质量指标应有内涵的同时,经过感官鉴定而得出的。

思考与练习

　　请设计一个饼干的质量感官评定实验。

任务五　焙烤食品的营销技能

　　市场营销是企业以顾客需要为出发点,综合运用各种战略与策略,把商品和服务整体地销售给顾客,尽可能满足顾客需求,并最终实现企业自身目标的经营活动。

　　营销不同于推销,它是全过程的,营销是推销活动的管理,是企业各项职能的核心,营销是一种体系。从事市场营销需要工作经验与技巧,需要企业内部员工的相互分工与合作。

　　焙烤食品的销售是需要营销技能的。传统的西饼屋、面包房就是一种买者与卖者聚集在一起进行商品交换的地点和场所,是焙烤企业直接面对顾客的场所,是企业生产的产品销售的渠道。如何为顾客提供优质的服务,如何让顾客高兴而来,满意而归,让顾客接受企业的文化,是焙烤企业需要研究的课题。

　　各种营销技能的掌握需要通过对员工的培训,才能达到企业的要求,并且这种技能也是能让顾客接受的。

能 力 目 标

- 掌握各种迎宾礼仪常识
- 掌握各种化被动为主动的营销策略
- 掌握各种店外、店内广告设计基础知识

第一部分　迎宾礼仪常识

 任务描述

　　礼仪在营销活动中的运用即为营销礼仪,也就是营销人员在营销活动中为表示尊敬、善意、友好等而形成的一系列道德、规范、行为及一系列惯用形式。

 任务分析

　　以各种形体训练为例,对工作人员的仪容仪表、行为举止、服务用语、电话接听技巧等规范要求。

　　仪容仪表主要从个人卫生、头饰妆容、制服几个方面对员工进行培训。

　　行为举止主要从适宜的表情、规范的站姿、恰当的手势对员工进行培训。

　　服务用语主要是让员工学会如何正确说出:请……、您好、欢迎光临、谢谢、不客气、打扰了、对不起、再见、欢迎再次光临等问候语。

　　例如,接听顾客电话是一项重要的工作任务,虽然没有与顾客见面,但正确的接听电话技巧是营销技巧中重要的一环。

 迎宾礼仪

方法与步骤

基本操作步骤描述

一、外表

　　外表吸引力可分两种:一种是静态的外表吸引力,包括五官、身体、发式及化妆等,这些非常表面的特质,甚至可不用亲眼见到本人,只需凭着照片便可评断"美""丑"。一般人口中所说的美,便是这种外表的美。另一种吸引力则是经由言行举止所表达的动态吸引力。脸部神情、举手投足、说话的声调或语气等,都是促成这类"美"的重要条件。

　　外表形象说明许多问题,包括你对工作的认真程度,除此之外,你的仪表也反映了你的

自尊。

图7-5-1 整洁的制服

1. 个人卫生

对于工作人员的个人卫生的基本要求是：面部干净、化妆适度、口腔卫生。做好这些，需要提倡科学的保养常识，如以下各项：

（1）保持个人良好的心态和睡眠。

（2）要注意科学合理的饮食。

（3）注意体育锻炼和户外活动。

2. 头饰妆容

头饰妆容的基本要求是头发干净、长短适宜、符合岗位要求。

个人化妆应符合自己的肤色及脸型；涂口红应接近嘴唇的颜色，不宜选用过分鲜艳的色彩。

3. 制服

营销人员的服饰也要与特定的场合和气氛相和谐，所以有必要选择与之适宜的服饰款型与色彩，实现人景两相融的最佳效应（如图7-5-1所示）。

场合原则是营销人员约定俗成的惯例，具有深厚的社会基础和人文意义。一定服饰所蕴含的信息内容必须与特定场合的气氛相吻合。否则，往往会引起顾客的疑惑、猜忌、厌恶和反感，导致交往空间距离与心理距离的拉大和疏远。

二、行为举止

仪态指人在行为中的姿势和风度。姿势是指身体呈现的样子，风度则属于气质方面的表露。达·芬奇说："从仪态知觉人的内心世界，把握人的本来面目，往往具有相当的准确性和可靠性。"用优美的体姿表达礼仪，比用语言表达更让受礼者感到真实、美好和生动。

同时，发自心底的微笑就像扑面的春风，能温暖人心，解除冷漠，获得理解和支持。轻轻一笑可以招呼他人或者委婉地拒绝他人，抿嘴而笑能给人以不加褒贬、不置可否、似是而非的感觉。日本各航空公司如今的空姐上飞机之前要接受的主要礼仪训练就是微笑。学员要在教官的指导下进行长达6个月左右的微笑训练，训练在各种乘客面前、各种飞行条件下应当保持的微笑。这足以说明微笑对人际交往的突出效用。

焙烤企业营销人员是与顾客直接接触的人员，其行为举止不仅是个人素质的体现，也是企业形象的代表，关系到企业在消费者心目中的形象。

1. 站姿

站姿应从整体上给人以挺、直、高的感觉。标准站姿的基本要领如下所示（如图7-5-2所示）。

步骤1 头正，颈挺直。双肩展开向下沉，人体有向上的感觉。

步骤2 收腹、立腰、提臀。

步骤3 两腿并拢，膝盖挺直，小腿往后发力，人体的重心在前 图7-5-2 女士标准站姿脚掌。

步骤 4 女士四指并拢,虎口张开,双臂自然放松,将右手搭在左手上,拇指交叉,体现女性线条的流畅美。脚跟并拢,脚尖分开呈"V"字形。

步骤 5 男士可将两脚分开与肩同宽,也可呈"V"字形,双手放到臀部上,塑造好男性轮廓的美。

步骤 6 站立时应保持面带微笑。

2. 走姿

走姿属动态美,凡是协调稳健、轻松敏捷的走姿,都会给人以美感(如图 7-5-3 所示)。

图 7-5-3 标准走姿

步骤 1 以站姿为基础,面带微笑,眼睛平视。

步骤 2 双肩平稳,双臂前后自然地、有节奏地摆动,摆幅以 30 度~35 度为宜,双肩双臂都不应过于僵硬。

步骤 3 重心稍前倾,行走时左右脚重心反复地前后交替,使身体向前移。

步骤 4 行走时,两只脚两侧行走的线迹为一条直线。

步骤 5 步幅要适当。一般应该是前脚的脚跟与后脚的脚尖相距为一脚长,但因性别身高不同会有一定差异。着装不同,步幅也不同。

步骤 6 跨出的步子应是脚跟先着地,膝盖不能弯曲,脚腕和膝盖要灵活,富于弹性,不可过于僵直。

步骤 7 走路时应有一定的节奏感,走出步韵来。

3. 鞠躬

鞠躬是人们在生活中用来表示对他人的恭敬而普遍使用的一种礼节。鞠躬礼在商业服务中的使用越来越频繁,用来表达对他人的敬意或深深的感激之情(如图 7-5-4 所示)。

图 7-5-4 鞠躬礼

步骤1 以站姿为基础,双手在体前搭好,双眼注视对方,面带微笑。

步骤2 鞠躬时,以臀部为轴心,将上身挺直地向前倾斜,倾斜度一般有90度、45度、15度三种,目光随着身体的倾斜而自然下垂于脚尖1.5米处。鞠躬完毕,恢复站姿,目光再回到对方脸上。

步骤3 鞠躬时,应同时问候"您好,欢迎光临"。声音要热情、亲切、甜美,且与动作相协调。

步骤4 根据不同的对象,要学会准确地运用鞠躬礼。

图 7－5－5 迎宾手姿

4. 手势

由于手是人体最灵活的一个部分,所以手姿是体语中最丰富、最具有表现力的传播媒介,做得得体适度,会在实际中起到锦上添花的作用。适当地运用手势,可以增强感情的表达(如图 7－5－5 所示)。

生活中某些手势会令人极其反感,严重影响风度。如在公众场合掏耳朵、抠鼻孔、咬指甲、剜眼屎、搓泥垢,修指甲、揉衣角,用手指在桌上乱画……这些都是交往中禁忌的举止。

此外,咳嗽、打喷嚏时,要以手帕捂住口鼻,面向一侧,避免发出大声,口中有痰要吐在手纸里或手帕中。手中的废物应扔进垃圾桶。这些简单的礼仪要求都是必须遵循的。

三、服务用语

服务语应问候在先,请字当头,谢不离口。牢记最有用的九个礼貌用语是:请……、您好、欢迎光临、谢谢、不客气、打扰了、对不起、再见、欢迎再次光临。

四、接听顾客电话

1. 重要的第一声

在接打电话中,只要稍微注意一下自己的行为就会给对方留下完全不同的印象。若我们一接通电话给对方亲切、优美的招呼声,对方心里一定会很愉快,使双方对话能顺利展开,对该单位有了较好的印象。"您好,这里是××公司"。声音清晰、悦耳、吐字清脆,令人赏心悦目,对方对其所在单位也会有好印象。因此要记住,接打电话时,每位营销人员应有"我代表公司形象"的意识。

2. 迅速接听电话

听到电话铃声,应准确迅速地拿起听筒,最好在三声之内接听。电话铃声响一声大约3秒钟,若长时间无人接电话,或让对方久等是很不礼貌的。

在接听电话时,要暂时放下手头的工作,不要和其他人交谈或做其他事情。同时也不要让电话那头的人感到"电话打得不是时候"。

3. 认真清楚地记录

(1) 把接电话时告知的重要内容一定要准确地记录在案,这样可以提高谈话效率,避免误事。

（2）随时牢记 5WH 技巧，所谓 5WH 是指 When 何时、Who 何人、Where 何地、What 何事、Why 为什么及 HOW 如何进行。在工作中这些资料都是十分重要的。电话记录既要简洁又要完备，有赖于 5WH 技巧。

4. 挂电话的技巧

（1）要结束电话交谈时，一般应当由打电话的一方提出，然后彼此客气地道别，说一声"再见"，再挂电话，不可只管自己讲完就挂断电话。

（2）假定双方都等着对方挂，结果只能是占用了宝贵的时间，说了一些没用的闲话。打电话时谁先挂，变通的做法：地位高者先挂电话。

第二部分 化被动为主动的营销策略

 任务描述

烘焙行业的竞争日益激烈,店面销售争的是店面位置,比的是店面产品陈设、销售人员的热情和专业性,但竞争的最重点是:服务中客户满意度将决定谁为王者。

被动营销是与主动营销方式相对立的营销模式。采用被动营销的企业既不主动出击、也没有任何广告、媒体或营销经费。所有的人力物力财力,都用于不断完善产品、提高产品质量、增加产品为顾客创造的附加价值,以及为主动登门的客户提供更好的购物体验和服务,以把节约下来的广告营销成本用于提高产品附加值。

用被动营销的企业,可以以更低的价格提供同档次产品,或以同等价格,提供更高档次的产品,更受客户青睐、更受投资者青睐、更具市场竞争力。

 任务分析

以焙烤企业门店为例,通过店面产品陈列技巧、焙烤食品营销导购技巧等各个方面知识,知道产品陈列原则、陈列技巧、常见的错误陈列方法;掌握产品导购技巧训练、快速推销方法。

 产品陈列

方法与步骤

基本操作步骤描述

一、陈列原则

烘焙门店促销人员最重要的工作之一就是进行烘焙产品的陈列。烘焙产品陈列的具体方法是根据烘焙门店的类型、经营的方针、品种、场所、设备等经营方面的各种因素,甚至季节气候的不同而千变万化。一般情况下,产品陈列应遵循以下原则:

(1)分类原则:按焙烤制品的类别陈列,如面包类、蛋糕类、清酥类等。

（2）先进先出原则：焙烤制品具有较强的保鲜期，特别是前店后厂的门店应做好产品制作节奏，做到先进先出。

（3）轻重体积原则：通常情况下，如有两层以上陈列架，小件的商品在上层，大件的商品在下层。

（4）醒目原则：顾客进店所看见的第一件商品的位置是最醒目的位置，需做重点营销的商品应考虑醒目位置。

（5）销量原则：销售量决定陈列面积，正常销量好的产品，应加大摆设面，提高销售量。对于促销品、快速商品摆设应加大、有量感、位置明显。

（6）易取原则：焙烤制品陈列的货架应考虑半闭门式，且开门方便，方便顾客夹取商品。

（7）易管原则：产品陈列布局既要求琳琅满目，又要布局合理，方便管理。

二、陈列技巧

（1）黄金陈列：陈列的高度极限为上方在150厘米～170厘米之间，下方在30厘米～60厘米之间（如图7-5-6所示）。对这些黄金面积必须充分地利用，防止空置浪费。

（2）纵向陈列：按货架的深度纵向陈列。

（3）横向陈列：按货架的长度横向陈列。

（4）堆头陈列：数量少而小的东西，不容易引人注目，必须使小的产品固定成群或成堆地陈列，集小为大以造成"声势"。

（5）节奏陈列：烘焙门店橱窗陈列要注意节奏，做到有强有弱、有主有次、有密有疏。

限高：150～170厘米

限低：30～60厘米

图7-5-6　柜台极限高度

三、错误陈列

（1）缺货：因某种客观原因，造成柜台上经常缺货，其后果之一是将顾客推给了竞争对手的商店，之二是给顾客留下了不好的印象。

（2）混乱：据相关统计，重叠混杂及撒倒陈列，这种陈列会令每种新产品销量下降16%～25%。

（3）不洁净：如果商品不能保持洁净，会被顾客当作是滞销品或低劣品而排斥。

（4）视觉脱销：除非是畅销品，陈列位置较高的话，大部分顾客并不乐意踮起脚跟或弯腰蹲下去选择商品，很容易因此而放弃选用。

营销策略

方法与步骤

基本操作步骤描述

一、导购营销

不少烘焙销售人员都有这样的困惑,为什么我累得口干舌燥,但消费者就是不买账呢?知道一些常见的导购误区,并在日常烘焙销售工作中加以避免,会起到事半功倍的效果。

1. 正确的站位

顾客一进店,首先要能够得到迎宾员的热情招呼。

人都有追求自由和防范的心理,导购切忌过于热情,不要顾客到哪里你紧紧跟随到哪里,要留给顾客适当的自由空间。烘焙促销的原则是要显得自然、得体,该进则进、该退的要退,要收放自如。

当顾客在选购商品需要帮助时,导购员应积极地予以导购服务。正确的站位应该是站在顾客的前面的左右侧前方,面对顾客。

2. 正确的语言

导购员不着要领地说个没完,也许顾客早就厌烦了,这样的行为实际上是在驱赶顾客。

导购员在向顾客推介自己的产品和品牌时,只需要强调自己的长处和优点即可,不要拿竞争对手去比较,更不要刻意去诋毁竞争对手。

不要试图跟顾客争执,争执起来,不但顾客会不快活而放弃购买,也会影响到周围其他人的参观和购物,形成恶性循环效应。

二、快速营销

焙烤食品很多都采用前店后厂的直接销售模式经营,其销售的产品也基本上是快速消费品,顾客从进店、挑选到结账都在较短时间内完成,如何在当顾客犹豫不决的时候,推销你的焙烤食品,是焙烤食品首选的营销策略。

1. 判断

有时我们把快速营销法形象地比喻成"三秒推销术"。这种方法对导购员或收银员的要求较高,一般需要对顾客的消费行为在短时间内作出判断,如以下各项:

(1)比较。当顾客在同时拿两件产品进行比较的时候,导购员如何让顾客同时接受两件商品。

(2)无意向。顾客进店后只对一件产品发生了兴趣,但又想很快离开柜台的时候。

(3)犹豫。顾客拿取商品时又犹豫不决,想放下商品的时候。

(4)结账。顾客在店内挑选完商品后准备结账时,收银员如何在最短时间内再次做产品推销。

2. 方法

快速推销术的方法有多种,但我们应该根据实际情况采用以下不同的方法:

（1）老顾客。对老顾客可以从上次的采购经历聊起，如：上次买的蛋糕新品如何啊？

（2）无目标顾客。可以对新顾客或无明确购买目的的顾客从询问开始，如：欢迎光临，不知你喜欢哪种蛋糕？这种蛋糕是我们的新品，和过去的产品有差别……

三、节日营销

节日营销是非常时期的营销活动，是有别于常规性营销的特殊活动，它往往呈现出集中性、突发性、反常性和规模性的特点。针对不同的节日，我们需要考虑如何对节日营销活动进行实施、控制、评估，以较好完成目标。

中国和世界上其他国家、地区有许多传统的节日，而这些节日往往和焙烤食品有渊源，如西方传统的"情人节"需要巧克力蛋糕、"母亲节"需要康乃馨蛋糕、"圣诞节"流行姜饼屋、中国传统"中秋节"的月饼等。

1. 节日营销的要点

（1）明确目标。中国人对节日一般都比较重视，送礼是中国的风俗，所以在各种节日要推出一些礼品装，明确主题，以烘托节日气氛，达到促销效果。

（2）突出主题。节日促销的主题设计有几个基本要求：一要有冲击力，让消费者看后记忆深刻；二要有吸引力，让消费者产生兴趣，例如，很多厂家用悬念主题吸引消费者的探究心理；三要主题词简短易记。

（3）关注形式。尽管在促销方式上大同小异，但细节的创新还有较大的创意空间。例如，预定"情人节"蛋糕活动中，可以免费用巧克力帮男青年写一段表达爱意的文字，并附送玫瑰花，进行促销形式的组合。

（4）促销方案。搞好节日促销，事先要准备充分，把各种因素考虑周到，尤其是终端促销人员，必须经过培训指导，否则会引起消费者不满，活动效果将会大打折扣。

（5）活动设计。独辟蹊径，突出自己的优势和卖点。例如，不少人在春节期间愿意出去走走看看，吃吃玩玩，购物消费，但还有更多的人则愿意在家里度假。如何让这部分人在家里也掏钱消费，为假日经济的繁荣作贡献，是当前面临的新课题。

2. 节日营销的方法

（1）独特。节日是大人和小孩最有时间在一起的，如在"六一儿童节"，焙烤食品企业可以推出"蛋糕DIY"让大人带小孩一起制作卡通蛋糕等。在欢乐的同时，带来了经济效益。

（2）创新。不断推出新产品，特别是在节日要有与节日气氛相吻合的创新产品，能给企业带来良好的收益。例如，有一家企业在春节期间推出了"年年有鱼"的蛋糕，迎合了顾客的需要，获得了很大的成功。

第三部分 广告设计基础知识

 任务描述

　　焙烤企业的广告设计是一种硬设计与软设计的结合,其实就是店招设计与海报设计。

　　店招代表一个店铺的形象,有一个良好的形象才会吸引买家的关注,在店招上取个店名也可以提高知名度。

　　店面设计的主要目标是吸引各种类型的过往顾客停下脚步,仔细观望,吸引他们进店购买。因此焙烤专卖商店的店面设计应该新颖别致,具有独特风格,并且清新典雅。

　　海报(POP)是广告的一种。海报一般加以美术的设计,以吸引更多的人加入活动。海报可以在媒体上刊登、播放,但大部分是张贴于人们易于见到的地方。

 任务分析

　　主要以焙烤企业的店招设计与海报设计为主要内容,介绍店招风格体现的方法,焙烤产品海报设计需要体现的主题内容、活动日期、优惠项目、企业介绍、联系方式等,阐述海报对焙烤制品销售的重要性。

 广告设计

方法与步骤

基本操作步骤描述

一、店招设计

　　俗话说,"佛靠金装,人靠衣装",得体的门面设计及装潢是体现焙烤企业形象的重要方面。

　　烘焙西饼店面总体设计应该要新颖别致,具有自己独特的装修风格。从设计角度来讲,通常将西饼店的设计与饼店周边环境结合起来,归纳起来有以下几种:

第一,周围居民为主要消费群的中心生活区。

第二,公司员工为主要消费群的商务区。

第三,流动人口为消费群的工业生产区。

通过对周边环境的划分和消费群需求定位的细分,可完善西饼店设计装修的思路。如何设计及装修烘焙饼店店面,才能吸引顾客呢? 方法有以下几项:

(1)办公地区:需以舒适为主,商务区里的西饼店面对的是白领一族,焙烤产品定位上以中高档为主,而环境设计也同样需要赋予它温馨、舒适、大方的气息。

(2)交通枢纽:需以引人注目为主,为了吸引匆匆而过的路人,尽可能走明快、炫丽的路线。一个具有特色的灯箱,非常醒目的门头是很有必要的。

(3)居民地区:需以简洁为主,消费者最关注的是产品的种类和价格,对于店内环境没有太多要求。

(4)综合地区:综合型的周边环境,西饼店设计有最大的发挥余地,可根据不同的要求、经营的特色、建筑的外观、店铺的空间结构等各方因素综合考虑,对饼屋的个性与风格把脉。

二、海报设计

海报主要有促销商品的作用,简单地说就是"现在最主要的商品介绍"。随着时间的变化,其"商品"和"表现"的特点都会发生变化,作为促销的商品,"顾客想购买的"和"受人欢迎的"两者关系如何协调是非常重要的。对于消费者不满意的促销页面要进行分析,把不满意的地方进行改进,这样就会设计出更加受人欢迎的促销宣传单。

海报具有时效性强、富于创意、成本低廉等特性,得到商家及消费者的认可和接受,成为商业竞争中有效的手段之一。

焙烤企业的食品海报一般具有以下因素(如图 7-5-7 所示):

图 7-5-7　焙烤食品海报

(1)单位名称。商品销售单位的全称,表示商品的主权单位。

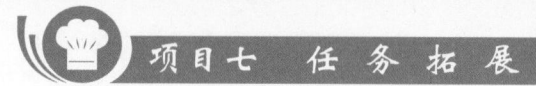

（2）活动主题。在一个特定的节日或店庆等主题活动的条件下，主办单位给予的特定称谓。

（3）主题作品。为配合主题活动，特制主题产品名称。

（4）活动日期。给定一段产品促销及宣传期限。

（5）优惠项目。一般为配合主题作品的宣传及推广，配置一系列商品，并给以一定的优惠条件。

（6）企业介绍。好的产品是好的企业生产的，在产品宣传时，需要配合企业的介绍。

（7）联系方式。让顾客在品尝精美焙烤产品后，想要再次购买时，能及时找到相关门店或企业。

任务六　焙烤产品的创新技能

　　焙烤食品发展至今,种类繁多。其主要包括蛋糕类、面包类、饼干类、蛋卷类、月饼类和桃酥类等。

　　随着人们对生活质量要求的提高,焙烤食品的外形、原料、加工工艺都需要迎合消费者的需求,因此要不断创新。焙烤食品创新的内涵主要包括以下两个方面:

　　(1) 产品创新。改善或创造产品,进一步满足顾客需求或开辟新的市场。其主要涉及原材料、产品的外形、装饰形式等。

　　(2) 工艺创新。烘焙食品的制作工艺也各有不同,普遍包括以下三大工序:原料辅料的配备与处理、烘焙(油炸)和冷却、包装。改善或变革产品的生产技术及流程,包括新工艺和新设备的变革。

　　因此,通过学习焙烤原材料的不断创新对焙烤制品的影响,及焙烤产品工艺的不断创新对焙烤市场的影响,培养学生创新焙烤产品设计的能力。

能 力 目 标

- 了解焙烤原材料的发展及创新
- 掌握焙烤产品工艺的发展及创新
- 培养学生的责任心和创新精神
- 培养学生灵活的动手能力
- 培养学生的思考及设计能力、团结协作、社会交往等综合职业素质

第一部分 蛋糕类创新产品的制作

 任务描述

在制作蛋糕类创新产品时,要以认真的态度制作产品,而且要投注心思在产品上。

(1)进行观念上的创新。不要要求蛋糕好吃就可以了,还需花巧心思在装饰蛋糕上,这样才能满足消费者庆祝生日时的快乐心理。

(2)产品要创新。蛋糕产品要推陈出新,使其具备新鲜及期待感,每天制作的蛋糕要用心去做一些变化。

(3)口味上要创新。现代消费者的嗜好愈来愈多样化,愈来愈复杂,口味独特的蛋糕产品,既可满足现代人与众不同的心理又可以增加不少的利润。可以研究柑橘、柠檬等不同口味的蛋糕,进行口味上的创新。

(4)产品的名称及包装的创新。产品的名称及包装的创新是增加蛋糕附加值所不容忽视的课题,包装的创新是增加产品附加值的最为有效的方法。

 任务分析

蛋糕类产品是一种传统的西点,一般是由鸡蛋打发拌入面粉制作的,蛋糕是用鸡蛋、白糖、小麦粉为主要原料,以牛奶、果汁、奶粉、香粉、色拉油、水,起酥油、泡打粉为辅料,经过搅拌、调制、烘烤后制成一种像海绵的点心。

在进行蛋糕类产品创新设计时:一是考虑蛋糕糊的搅拌方法;二是考虑选用面粉的种类会直接影响蛋糕的质量;三是考虑蛋糕坯的切割方式,它会决定品种的外形;四是考虑产品的夹层,它会影响产品的风味;五是考虑蛋糕的装饰,它会决定产品的格调和对视觉的影响。

 产品名称

蛋糕类创新产品

配方

蛋糕面糊料:鸡蛋 250 克　　　糖 45 克　　　塔塔粉 2 克　　　泡打粉 2 克
　　　　　　食用油 75 毫升　　鲜奶 90 毫升　低筋面粉 120 克

方法与步骤

基本操作步骤描述

分蛋→调制面糊→成型→烘烤。

步骤 1　制作蛋糕胚

◆ 准备一张油纸,将其剪成与锡盘底部相同的圆形。圆盘底部轻轻地刷一层油,将油纸放入圆盘,并在纸上刷一层油。使用木匙将乳酪、黄油和糖放在玻璃碗内搅拌。搅拌至发亮蓬松。稍等片刻后,加入鸡蛋搅拌。搅拌至光亮平滑(如图 7-6-1、图 7-6-2 所示)。

图 7-6-1　准备

图 7-6-2　搅拌

◆ 取精筛面粉于玻璃容器内。使用木匙将面粉与先前的原料一同搅拌,直至均匀。将混合后的原料置于锡盘内,并把它均匀地铺平(如图 7-6-3、图 7-6-4 所示)。

图 7-6-3　精筛

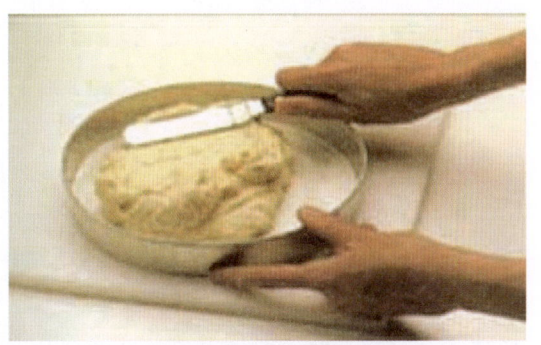
图 7-6-4　铺平

◆ 混合平整后,准备烘焙。使用颜料刀沿蛋糕边缘将蛋糕从盘中剥离开。将蛋糕置于冷却架上。翻转蛋糕,使其在冷却架上冷却。小心地将油纸剥去(如图 7-6-5、图 7-6-6、图 7-6-7、图 7-6-8 所示)。

图 7-6-5 烘焙

图 7-6-6 剥离

图 7-6-7 剥纸

图 7-6-8 成型

☞**注意点**
◇ 烘烤温度也是制作蛋糕胚的关键。烘烤前必须让烤箱预热。此外,蛋糕坯的厚薄大小,也会对烘烤温度和时间有要求。蛋糕坯厚且大者,烘烤温度应当相应降低,时间相应延长;蛋糕坯薄且小者,烘烤温度则需相应升高,时间相对缩短。一般来说,厚坯的炉温为上火 180 ℃、下火 150 ℃;薄坯的炉温应为上火 200 ℃、下火为 170 ℃,烘烤时间以 35～45 分钟为宜。

◇ 判断蛋糕胚成熟与否可用手指去轻按表面测试,若表面留有指痕或感觉里面仍柔软浮动,那就是未熟;若感觉有弹性则是熟了。蛋糕出炉后,应立即从烤盘内取出,否则会引起收缩。

步骤 2 准备不同馅料或装饰料

◆ 准备不同果酱与水果馅料

将成熟的水果洗净,较大块的水果需切成小块,硬质水果需要加适量的水煮烂。把处理好的水果和糖放入铜锅中,开小火加热并不断搅拌以防止粘连焦糊。待糖全部融化时,迅速升温直至达到果酱的凝结点为止。鉴别凝结的方法是:用勺舀少许果酱,再倾回锅内,最后滴下且已冷却的果酱,如果能呈片状,表明凝结点已达到;或者在干燥的盘内滴几滴果酱,晾凉让其凝结,用手指推动时,如果果酱表面起皱,亦表明凝结点已达到。

水果馅料是指新鲜水果经烹煮而制成的水果泥,最常用的水果是苹果,其次是桃、李、草莓、樱桃等。制法:将水果去皮核,切成小块放入锅内,加入少量水和适量糖,置火上煮沸至泥状。

☞**注意点**　◆　准备不同果酱时,如酸味不足,熬制时可添加适量柠檬汁或果酸,含果胶少
的水果可适当添加少许琼脂以助凝结。糖用量与果胶含量有关,富含果胶
的水果如苹果、葡萄等用糖量为水果的 125%,果胶含量中等的水果如杏、
李、桃、青梅等,用糖量为水果的 100%,果胶含量少的如草莓,加糖量为水
果的 75%。

◆　准备水果馅料时,可将切好的水果先放少许奶油煎炒片刻后,再加少许水焖
软,如馅料汁太多可用淀粉增稠。

◆ 准备不同装饰料

1. 糖霜类装饰料

糖霜类装饰料的成分是糖和水,糖在制品中多呈细小的结晶体状态,如添加其他成分如
蛋清、明胶、油脂、牛奶等,即制成不同的品种,使用时可采用浸蘸、涂抹、济注等方法对西点
进行装饰。

方登,国内又称白马糖,制品晶粒细小色白,有轻微光泽,常用于西点的涂衣(挂霜)。配
方:白砂糖 1 000 克,水 350 克,葡萄糖 165 克。工艺:水烧开后加入糖搅拌至融化防止焦
底,待煮沸后加入葡萄糖,加热至 115 ℃,将糖浆倒在预先撒有冷水的案上(最好是大理石),
待糖浆冷至 40 ℃左右(手感温热),用木铲来回搅动至变稠变白,直至成为一个较硬的团块,
用湿布覆盖约 1 小时,捏成团块密封于容器中待用。

☞**注意点**　◆　配方中的葡萄糖可用少许果酸来代替;方登用时可用水浴法温化,水温不得
超过 38 ℃,如需要降低硬度,可加入少量糖浆,糖浆可由 6 份糖加 5 份水烧
开制成。

◆　融化时,如加适量的可可粉,即为巧克力方登,也可加其他色素、香精,变化
成不同风味色泽的方登。

2. 膏类装饰料

膏类装饰料是一类光滑细腻且有一定可塑性的软膏,其结构是泡沫与乳液并存的分散
体系,糖在制品中亦是细小的微晶态,常用于西点的裱花装饰,还可用于馅料和黏结用。膏
类装饰料主要有油脂型(奶油膏)和非油脂型(蛋白膏)两类,各种膏类装饰料使用时均可根
据需要加入可可粉、咖啡、果仁、色素香精等,对其风味和色泽加以变化和修饰。

柠檬蛋黄奶油。配方:蛋黄 5 个,糖 100 克,柠檬 2 个,柠檬果酱 10 克,淀粉 22 克,牛奶
500 克,奶油 500 克,发泡鲜奶油 100 克。工艺:蛋黄、糖一起搅打泛白,加入擦碎的柠檬皮,
再将榨出的柠檬汁与柠檬酱、淀粉一起加入蛋黄糊中搅匀;牛奶与奶油烧开后慢慢冲到蛋黄
糊中,混合搅匀后仍倒入锅内烧开熟透离火冷却,加入发泡的鲜奶油膏拌匀。

☞**注意点**　◆　此类奶油膏主要用于涂抹夹层,如需提高可塑性可适当加入明胶。

步骤3　进行蛋糕产品创新制作

◆ 材料准备

准备两片厚薄不同的蛋糕坯、装饰用的鲜奶、樱桃、果酱。(如图 7 - 6 - 9、图 7 - 6 - 10
所示)。

◆ 产品创新方法

图 7 - 6 - 9   准备蛋糕坯

图 7 - 6 - 10   准备装饰品

1. 小方蛋糕制作

　　蛋糕坯切块,在蛋糕坯表面抹上鲜奶,覆盖另一片蛋糕坯。继续在蛋糕坯表面抹上奶油,再覆盖一层蛋糕坯,再在蛋糕坯表面抹上奶油,并抹平奶油。切除蛋糕坯边角料,进行蛋糕坯的切块,对蛋糕坯进行装饰(如图 7 - 6 - 11、图 7 - 6 - 12、图 7 - 6 - 13、图 7 - 6 - 14、图 7 - 6 - 15、图 7 - 6 - 16、图 7 - 6 - 17、图 7 - 6 - 18 所示)。

图 7 - 6 - 11   蛋糕坯切块

图 7 - 6 - 12   抹鲜奶

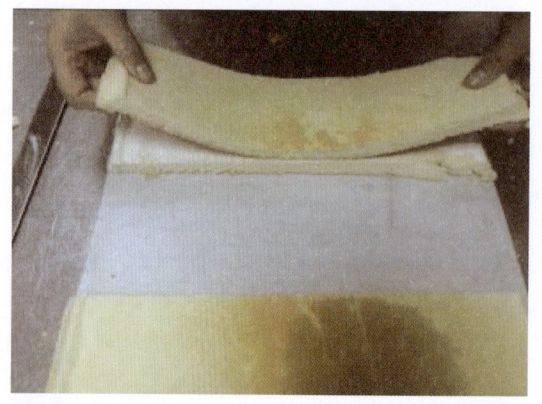

图 7 - 6 - 13   覆盖蛋糕坯

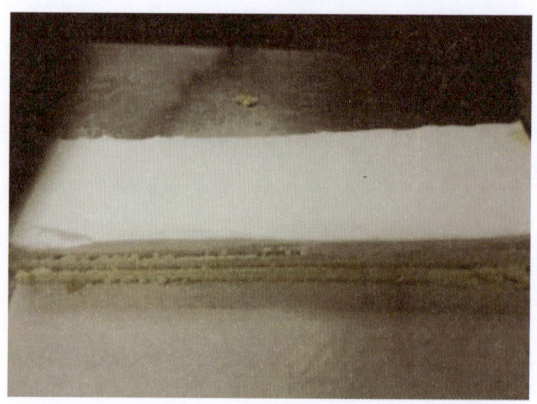

图 7 - 6 - 14   抹奶油

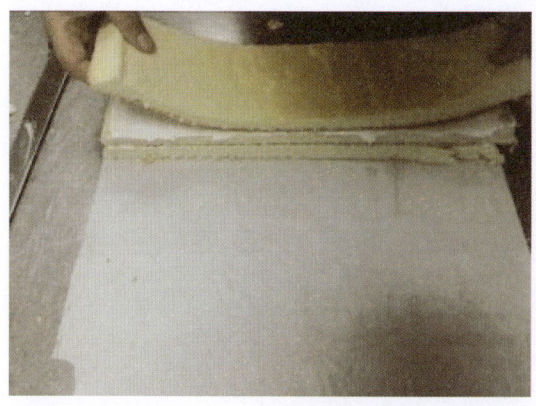

图 7-6-15　多次覆盖蛋糕坯

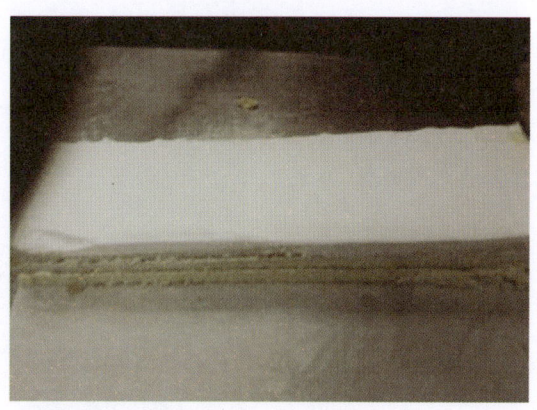

图 7-6-16　抹奶油

图 7-6-17　切块

图 7-6-18　装饰

2. 巧克力插片蛋糕

重复小方蛋糕的前面步骤,在装饰上插上巧克力装饰片(如图 7-6-19 所示)即可。

3. 樱桃蛋糕

重复小方蛋糕的前面步骤,在装饰上放上樱桃即可(如图 7-6-20 所示)。

图 7-6-19　巧克力装饰

图 7-6-20　樱桃装饰

☞**注意点** ◈ 只要在夹层的材料、装饰的材料、蛋糕的形状等方面进行变化，就会制作出很多不同特点和特征的蛋糕产品(如图7-6-21所示)。

图7-6-21 不同装饰蛋糕

4. 瑞士卷

在蛋糕坯上抹上一薄层奶油，进行蛋糕卷制，对卷制好的蛋糕卷进行切块即可(如图7-6-22、图7-6-23、图7-6-24、图7-6-25所示)。

图7-6-22 抹奶油

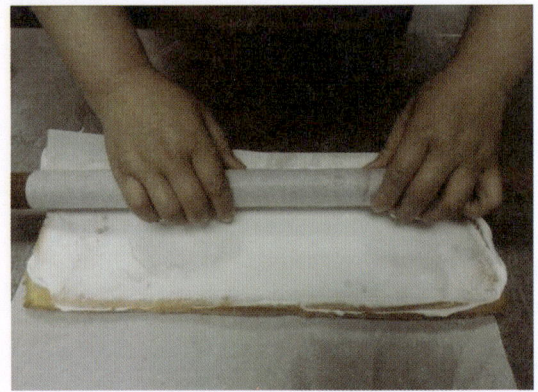

图7-6-23 卷制

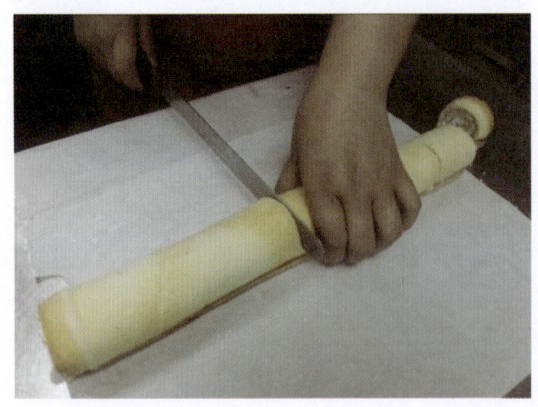

图7-6-24 切块

图7-6-25 成型

注意点 ◇ 当蛋糕坯的造型方式变化时,也能制作出创新的产品,如果把蛋糕坯的颜色进行变化(如做成巧克力蛋糕坯),那又会衍生出许多新的蛋糕产品。所以焙烤产品的创新不是那么神秘且高不可攀,只要具备丰富的想象力,就能创造出新的产品。想象不能抑制,创新不会停止。

创新产品案例

蛋 糕 吐 司

创新模式

    面包夹蛋糕的混搭焙烤产品。

制作步骤

步骤1

面团搅拌分割与静置,及面团擀制与造型(如图 7-6-26 至图 7-6-31 所示)。

图 7-6-26 搅拌器具

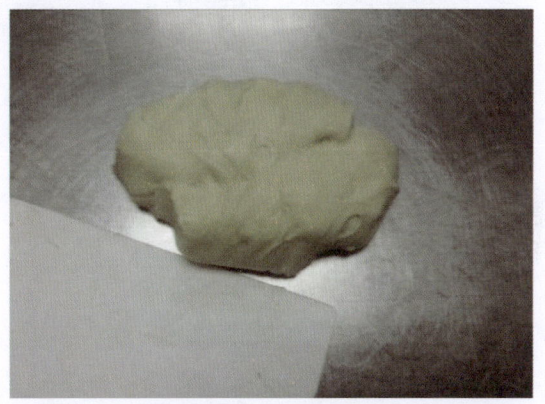

图 7-6-27 面团搅拌

图 7-6-28 面团分割

图 7-6-29 静置

图 7 - 6 - 30　面团擀制

图 7 - 6 - 31　造型

步骤 2

面团入模、醒发，及完成醒发并进行烘烤（如图 7 - 6 - 32 至图 7 - 6 - 35 所示）。

图 7 - 6 - 32　入模

图 7 - 6 - 33　醒发

图 7 - 6 - 34　醒发完成

图 7 - 6 - 35　烘烤

步骤3　烘烤、脱模、切片

◆ 烘烤面包至八成熟后把搅拌好的蛋糕糊倒入模具(如图7-6-36至图7-6-39所示)。

图7-6-36　面包制品

图7-6-37　倒入蛋糕

图7-6-38　烘烤

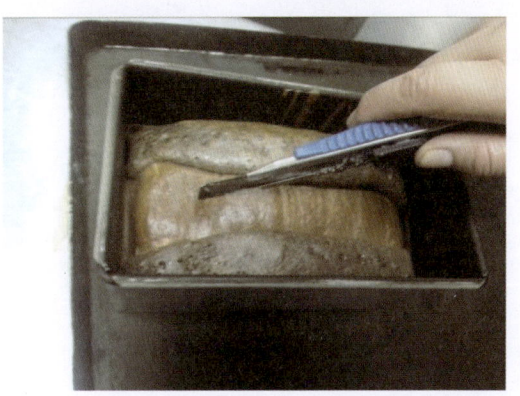

图7-6-39　脱模

☞**注意点**　◇ 蛋糕糊的调制不宜过早,以免蛋糕糊生成面筋,影响产品质量。继续进行烘烤,至八成熟后取出在制品表面划痕。

◇ 继续烘烤至完全成熟,脱模取出即可,也可进行切片。(如图7-6-40、图7-6-41所示)

图7-6-40　成熟制品

图7-6-41　切片

小知识

焙烤食品创新策略

焙烤企业发展是一个长期的战略,焙烤产品创新在该战略中起着关键的作用。而产品创新也是一个系统工程,对这个系统工程的全方位战略部署是产品创新的起点,包括选择创新产品、确定创新模式和方式,以及与技术创新其他方面协调等。

1. 创新产品的选择

以市场竞争为基本出发点的产品创新是市场经济的企业行为,是从市场到市场的全过程。企业究竟生产什么是市场需要与企业优势的"交集",并以能否取得最大的预期投资回报率为最终选择标准。其关键在于正确确定目标市场的需要和欲望,并且比竞争者更有利、更有效的传递目标市场所期望满足的东西。当然,目标市场的需要和欲望并不只是现在的需求,也包括消费者将来可能产生的需求,甚至包括营销者创造的需求。产品创新以现实或潜在的市场需求为出发点,以技术应用为支撑,开发出差异性的产品或全新的产品,满足现实的市场需求,或将潜在的市场激活为一个现实的市场,实现产品的价值,获得利润。

2. 产品的创新模式

根据创新产品进入市场时间的先后,产品创新的模式有率先创新、模仿创新。率先创新是指依靠自身的努力和探索,产生核心概念或核心技术的突破,并在此基础上完成创新的后续环节,率先实现技术的商品化和市场开拓,向市场推出全新产品。模仿创新是指企业通过学习、模仿率先创新者的创新思路和创新行为,吸取领先者的成功经验和失败教训,引进和购买领先者的核心技术和核心秘密,并在此基础上改进完善,进一步开发。罗伯特·库伯在《新产品开发流程管理》中列出了六种不同类型或是不同级别的新产品。

(1)全新产品。这类新产品是其同类产品的第一款,并创造了全新的市场,此类产品占新产品的 10%,比如蛋糕吐司。

(2)新产品线。这些产品对市场来说并不新鲜,但对于有些厂家来说是新的,约有 20% 的新产品归于此类。

(3)已有产品品种的补充。这些新产品属于工厂已有的产品系列的一部分。对市场来说,它们也许是新产品。此类产品是新产品类型中较多的一类,约占所推出的新产品的 26%。

(4)老产品的改进型。这些不怎么新的产品从本质上说是工厂老产品品种的替代。它们比老产品在性能上有所改进,提供更多的内在价值,该类新改进的产品占推出的新产品的 26%。

(5)重新定位的产品。适于老产品在新领域的应用,包括重新定位于一个新市场,或应用于一个不同的领域,此类产品占新产品的 7%。

(6)降低成本的产品。将这些产品称作新产品有点勉强。它们被设计出来替代老产品,在性能和效用上没有改变,只是成本降低了,此类产品占新产品的 11%。

评价要素

蛋糕吐司评分表

项目		评　价　要　素	配分	得分
过程评分	1	卫生：操作中台面干净、卫生；结束后操作台整理干净、卫生；地面整理干净、卫生。	5	
	2	搅拌：正确掌握工艺要求；按序投料；熟练掌握搅拌时间和速度。	5	
	3	操作：无场外带进面坯；掌握工艺制作要求；准确的制作手法；制作手法熟练；动作协调。	5	
	4	成熟：准确使用烤箱、冰箱等成熟、成型设备；正确选用搓、擀等成型操作手法；搓、擀等成型操作手法准确；熟练掌握制坯工艺；准确掌握成熟温度、时间。	5	
结果评分	5	色泽：本色或自然色；光亮；无焦黑。	12	
	6	形态：端正饱满；大小均匀；层次清晰。	16	
	7	口味：甜度适中；不粘牙；松而润软。	12	
	8	火候：正确掌握面火、底火；色泽均匀；无焦黑。	20	
	9	质感：松软、细腻；气孔均匀。	20	
合　　计			100	

思考与练习

1. 蛋糕吐司制作过程中蛋糕糊的调制要注意什么问题？
2. 制作蛋糕吐司的关键点是什么？
3. 蛋糕吐司松软的原因是什么？

附 常用设备及器具

一、常用设备

冰水机

打蛋机

打发机

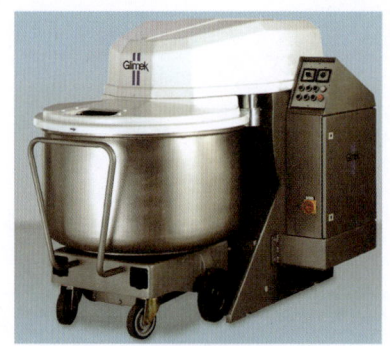

和面机

面包烤炉

起酥机

油炸炉

醒发箱

台车旋转炉

披萨炉

切片机

面包流水线

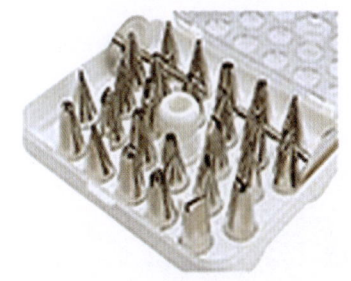

裱花嘴

布丁模

擀面杖

打蛋器

不锈钢盆

塑料刮板

二、器具

活底蛋糕模

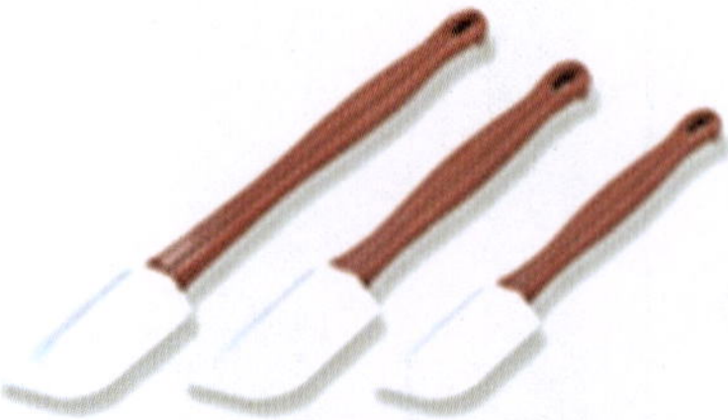

橡胶刮刀

波浪盘

裱花转盘

吐司盆

甜圈模

筛子

毛刷

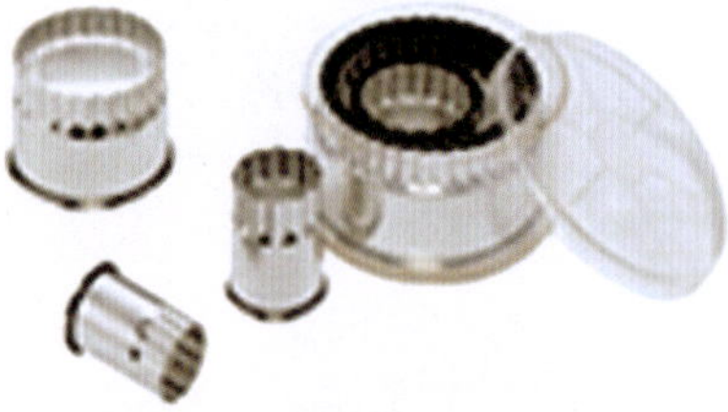

印模

巧克力模

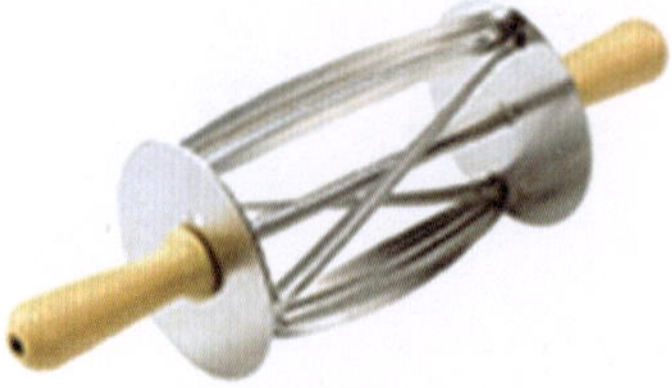

三角轮刀

披萨盘

不锈钢刮板

针车轮